赤シート対応

いきなり合格！
原付免許
テキスト&速攻問題集

長 信一 著

成美堂出版

本書の活用法

▶▶▶ **PART 1　試験に出る交通ルール**　カラーイラストで完全学習

● 交通ルール解説ページ

イラストとキャプションでルールをまる覚え。ひと通り学習したら赤シートで重要語句を隠してチェック！

交通ルールをジャンルごとに4つに区分。それぞれをまとめて学習しよう！

イラストタイトルにはNo.を明記。「確認テスト」「模擬テスト」後の確認に便利！

簡単なテストや重要語句などを確かめてみよう！

● ステップ1～4の確認テストページ

各ステップで学んだ内容を20題のテストで確認しよう！

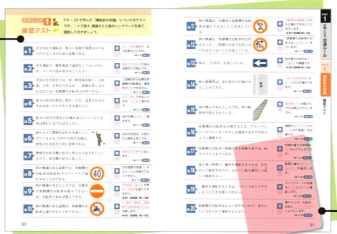

答と解説に赤シートを当てて解いていこう。リンクページとNo.で各ステップの学習内容をおさえられているか再チェック！

2

PART 2 実力判定模擬テスト

試験によく出る問題を厳選

● 原付免許模擬テストページ

問題文に関するルール部分のリンクページ。間違ったとき、もう一度確認したいときなどに確かめよう！

50点満点の模擬テストを7回分掲載。制限時間の30分を目安に解いていこう！

注意すべき問題。問題文をよく読んで間違えないようにしよう！

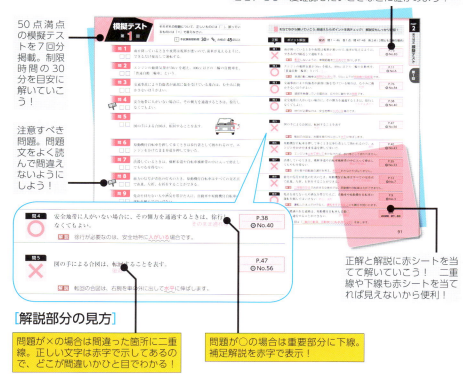

正解と解説に赤シートを当てて解いていこう！ 二重線や下線も赤シートを当てれば見えないから便利！

[解説部分の見方]

問題が×の場合は間違った箇所に二重線。正しい文字は赤字で示してあるので、どこが間違いかひと目でわかる！

問題が○の場合は重要部分に下線。補足解説を赤字で表示！

[使い方] 左ページで解いて右ページで答え合わせ！

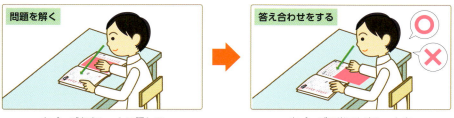

問題を解く
右ページを赤シートで隠して左ページの問題を解く

答え合わせをする
右ページに当てた赤シートを下にずらしながら答え合わせ

3

もくじ

本書の活用法 2
受験ガイド 6

 PART 1　試験に出る交通ルール

ステップ1　運転前の知識

運転前の確認事項 8
運転免許 10
信号 12
標識 16
標示 19
点検 22
乗車・積載 24
視覚、自然の力 26
服装、運転姿勢 28
ステップ1確認テスト 30

ステップ2　道路の通行方法

車が通行するところ 32
車が通行してはいけないところ 34
緊急自動車・路線バスの優先 36
歩行者の保護 38
速度、徐行 42
停止距離、ブレーキのかけ方 44
警音器、合図 46
ステップ2確認テスト 48

ステップ3
学科試験の重要項目

進路変更、行き違い	50
追い越し	52
交差点の通行方法	57
駐停車	62
ステップ3確認テスト	68

ステップ4
危険な場所・場合の運転

踏切の通行	70
坂道・カーブの通行	72
夜間・悪天候時の通行	74
交通事故の処置	76
緊急事態のときの措置	78
ステップ4確認テスト	80

 PART 2 実力判定模擬テスト

試験によく出る問題を厳選

文章問題 正解するための3つのポイント	82
イラスト問題 正解するための2つのポイント	83
試験によく出る 交通用語と例題	84
間違いやすい 例外があるルールと例題	86
覚えておきたい 数字と例題	88

模擬テスト第1回	90
模擬テスト第2回	100
模擬テスト第3回	110
模擬テスト第4回	120
模擬テスト第5回	130
模擬テスト第6回	140
模擬テスト第7回	150

＊本書の情報は、原則として2018年1月20日現在に施行されている法令等に基づいて編集しています。

受験ガイド

※受験の詳細は、事前に各都道府県の試験場の
ホームページなどで確認してください。

➡ 受験できない人

1	年齢が16歳に達していない人
2	免許を拒否された日から起算して、指定期間を経過していない人
3	免許を保留されている人
4	免許を取り消された日から起算して、指定期間を経過していない人
5	免許の効力が停止、または仮停止されている人

＊一定の病気（てんかんなど）に該当するかどうかを調べるため、症状に関する質問票（試験場にある）を提
出してもらいます。

➡ 受験に必要なもの

1	住民票の写し（本籍記載のもの）、または小型特殊免許
2	運転免許申請書（用紙は試験場にある）
3	証明写真（タテ30ミリメートル×ヨコ24ミリメートルで、6か月以内に撮影したもの）
4	受験手数料、免許証交付料（金額は事前に確認のこと）

＊はじめて免許証を取る人は、健康保険証やパスポートなどの身分を証明するものの提示が必要です。

➡ 適性試験の内容

1	視力検査	両眼0.5以上で合格。片方の目が見えない場合でも、見えるほうの視力が0.5以上で、視野が150度以上あれば合格。メガネ、コンタクトレンズの使用も可。
2	色彩識別能力検査	信号機の色である「赤・黄・青」を見分けることができれば合格。
3	運動能力検査	手足、腰、指などの簡単な屈伸運動をして、車の運転に支障がなければ合格。義手や義足の使用も可。

＊身体や聴覚に障害がある人は、あらかじめ運転適性相談を受けてください。

➡ 学科試験の内容と原付講習

1	合格基準	問題を読んで別紙のマークシートの「正誤」欄に記入する形式。文章問題が46問（1問1点）、イラスト問題が2問（1問2点。ただし、3つの設問すべてに正解した場合に得点）出題され、50点満点中45点以上で合格。制限時間は30分。
2	原付講習	実際に原動機付自転車に乗り、操作方法や運転方法などの講習を3時間受ける。なお、学科試験合格者を対象に行う場合や、事前に自動車教習所などで講習を受け、「講習修了書」を持参するなど、形式は都道府県によって異なる。

PART 1 試験に出る交通ルール

カラーイラストで完全学習

- ステップ **1** 運転前の知識
- ステップ **2** 道路の通行方法
- ステップ **3** 学科試験の重要項目
- ステップ **4** 危険な場所・場合の運転

ステップ1 運転前の知識
運転前の確認事項

 運転するときの心得

相手の立場になり、思いやりと譲り合いの気持ちで運転する。

他の車や歩行者、沿道で生活している人に対して、不愉快な騒音をたてたり、物を投げ捨てたりして迷惑をかけない。

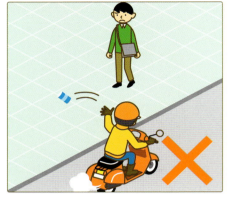

 運転時に備えつけるもの

原動機付自転車を運転するときは、忘れずに免許証を携帯（携帯しないと「免許証不携帯」違反）し、眼鏡等などの条件を守って運転する。

強制保険（自動車損害賠償責任保険＝自賠責保険または責任共済）に加入し、有効期限内の証明書が備えつけてあるか確認する。

No.3 禁止事項など

たとえ少量でも酒を飲んだら運転してはいけない（過労などのときも同じ）。酒を飲んだ人や無免許の人に車を貸してはいけない。

睡眠作用のある薬を服用し、運転中に眠気をもよおすおそれがあるときは、車の運転を控える。

疲れているとき、病気のとき、心配事があるときなどは、運転を控えるか、体調を整えてから運転する。

長時間運転するときは、2時間に1回は休憩をとり、疲労を回復させる。

走行中は、通話やメールの送受信など携帯電話を使用してはいけない。

携帯電話は、運転前に電源を切るか、呼び出し音が鳴らないようにしておく。

どちらが正しい？ 「免許証を携帯しないで運転する」とどうなる？

Ⓐ 無免許運転

Ⓑ 「免許証不携帯」違反

正しいのは Ⓑ。免許証不携帯違反になる

ステップ1　運転前の知識

運転免許

 運転免許の種類

第一種運転免許	自動車や原動機付自転車を運転するときに必要。
第二種運転免許	タクシーやバスなどの旅客自動車を旅客運送する目的で運転するときや、代行運転自動車（普通自動車）を運転するときに必要。
仮運転免許	練習や試験などを目的として、大型・中型・準中型・普通自動車を運転するときに必要。

 第一種運転免許の種類と運転できる車

免許の種類＼運転できる車	大型自動車	中型自動車	準中型自動車	普通自動車	大型特殊自動車	大型自動二輪車	普通自動二輪車	小型特殊自動車	原動機付自転車
大型免許	●	●	●	●				●	●
中型免許		●	●	●				●	●
準中型免許			●	●				●	●
普通免許				●				●	●
大型特殊免許					●			●	●
大型二輪免許						●	●		●
普通二輪免許							●		●
小型特殊免許								●	
原付免許									●
けん引免許	大型、中型、準中型、普通、大型特殊自動車のけん引自動車で、車両総重量が750kgを超える車をけん引する場合に必要。									

自動車と原動機付自転車

種別	説明
大型自動車	大型特殊自動車、大型および普通自動二輪車、小型特殊自動車以外の自動車で、次のいずれかに該当する自動車。 ● 車両総重量…11,000kg 以上のもの ● 最大積載量…6,500kg 以上のもの ● 乗車定員……30 人以上のもの
中型自動車	大型自動車、大型特殊自動車、大型および普通自動二輪車、小型特殊自動車以外の自動車で、次のいずれかに該当する自動車。 ● 車両総重量…7,500kg 以上、11,000kg 未満のもの ● 最大積載量…4,500kg 以上、6,500kg 未満のもの ● 乗車定員……11 人以上、29 人以下のもの
準中型自動車 	大型自動車、中型自動車、大型特殊自動車、大型および普通自動二輪車、小型特殊自動車以外の自動車で、次のいずれかに該当する自動車。 ● 車両総重量…3,500kg 以上、7,500kg 未満のもの ● 最大積載量…2,000kg 以上、4,500kg 未満のもの
普通自動車	大型自動車、中型自動車、準中型自動車、大型特殊自動車、大型および普通自動二輪車、小型特殊自動車以外の自動車で、次のすべてに該当する自動車。 ● 車両総重量…3,500kg 未満のもの ● 最大積載量…2,000kg 未満のもの ● 乗車定員……10 人以下のもの ※ミニカーは、エンジンの総排気量が 50cc 以下、または定格出力が 0.6kW 以下の原動機を有する車ですが、これは「普通自動車」になります。
大型特殊自動車	特殊な構造の特殊な作業に使用する自動車で、小型特殊自動車に当てはまらない自動車。
大型自動二輪車	エンジンの総排気量が 400cc を超える二輪の自動車（側車付きのものを含む）。
普通自動二輪車	エンジンの総排気量が 50cc を超え、400cc 以下の二輪の自動車（側車付きのものを含む）。
小型特殊自動車	次の条件のすべてに該当する特殊な構造の自動車。 ● 最高速度…時速 15km 以下のもの ● 大きさ……長さ 4.7 m以下、幅 1.7 m以下、高さ 2.0 m以下のもの（ヘッドガードなどが付いているために 2.0 mを超える場合は 2.8 m以下）
原動機付自転車	おもにエンジンの総排気量が 50cc 以下、または定格出力が 0.6kW 以下の二輪のもの（スリーターを含む）。

ステップ1　運転前の知識

信号

 信号機の信号の意味

青色の灯火

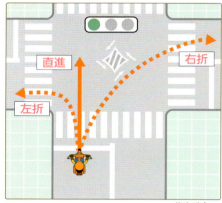

車は、直進・左折・右折できる。軽車両は、直進・左折できる。

二段階右折が必要な原動機付自転車と軽車両は、右折地点まで直進して向きを変え、進む方向の信号が青になるのを待つ。

黄色の灯火

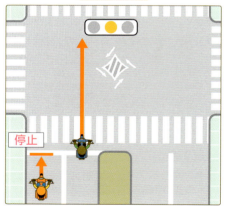

車は、停止位置から先へ進めない。ただし、停止位置に近づいていて安全に停止できない場合は、そのまま進める。

赤色の灯火

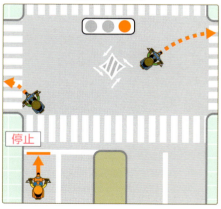

車は、停止位置を越えて進めない。ただし、すでに右左折している車は、そのまま進める。

青色の灯火の矢印

車は、矢印の方向に進め、転回もできる。

右折の矢印の場合、二段階右折する原動機付自転車と軽車両は進めない。

黄色の灯火の矢印

路面電車は、矢印の方向に進める。路面電車に対する信号なので、車は進めない。

黄色の灯火の点滅

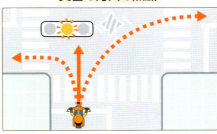

車は、他の交通に注意して進める。直進の場合、必ずしも徐行する必要はない。

赤色の灯火の点滅

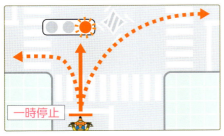

車は、停止位置で一時停止し、安全を確認したあとに進める。

「左折可」の標示板があるとき

前方の信号が赤や黄でも、車は歩行者などまわりの交通に注意しながら左折できる。

違いでわかる！

青色の矢印信号

対象は車。路面電車は進めない

黄色の矢印信号

対象は路面電車。車は進めない

警察官や交通巡視員による信号の意味

腕を横に水平に上げているとき

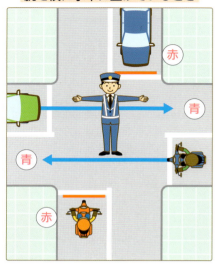

身体の正面（背面）に平行する交通は青信号と同じ、身体の正面（背面）に対面する交通は赤信号と同じ。

腕を垂直に上げているとき

身体の正面（背面）に平行する交通は黄信号と同じ、身体の正面（背面）に対面する交通は赤信号と同じ。

灯火を横に振っているとき

灯火の振られている交通は青信号と同じ、灯火の振られている方向に対面する交通は赤信号と同じ。

振られていた灯火を頭上に上げているとき

灯火の振られていた交通は黄信号と同じ、灯火の振られていた方向に対面する交通は赤信号と同じ。

No.9 信号に関するその他のルール

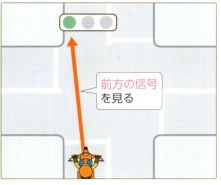

信号は対面する信号に従う。横の信号が赤でも、対面する信号が青とは限らない。

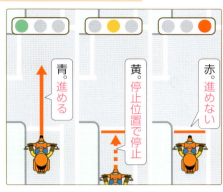

信号機の信号は、青→黄→赤→青…の順番に変わることを覚えておく。

信号機の信号と警察官などの手信号・灯火信号の意味が異なるときは、警察官などの手信号・灯火信号に従う。

交通巡視員は交通整理などを行う警察職員で、その指示には従わなければならない。

No.10 信号機があるところでの車の停止位置

※警察官などが手信号や灯火信号を行っている場合も同じ。ただし、交差点以外で、横断歩道や自転車横断帯、踏切がないところでは、警察官などの1メートル手前が停止位置。

ステップ1　運転前の知識
標識

No.11 標識の種類

※巻末の「道路標識・標示一覧表」の標識も覚えましょう！

標識
交通規制などを示す標示板のこと。

本標識

種類	説明	例
規制標識	特定の交通方法を禁止したり、特定の方法に従って通行するよう指定したりするもの。	歩行者専用／徐行
指示標識	特定の交通方法ができることや、道路交通上決められた場所などを指示するもの。	駐車可／中央線
警戒標識	道路上の危険や注意すべき状況などを前もって知らせるもの。	踏切あり／合流交通あり
案内標識	地点の名称、方面、距離などを示して、通行の便宜を図ろうとするもの。	方面及び距離／登坂車線

補助標識
規制標識などの本標識に取り付けられ、その意味を補足するもの。

距離・区域／日・時間

No.12 意味を間違えやすい「規制標識」

通行止め
歩行者、車、路面電車のすべてが通行できない。

車両横断禁止
道路の右側に横断してはいけない。

追越しのための右側部分はみ出し通行禁止
道路の右側部分にはみ出して追い越しをしてはいけない。

16

駐車余地	最高速度	
車の右側に示された余地がとれない場合は駐車してはいけない。	示された速度を超えて運転してはいけない。上記右の場合、原動機付自転車は法定速度である時速30キロメートルを超えてはいけない。	

原動機付自転車の右折方法（二段階）	原動機付自転車の右折方法（小回り）	警笛区間
原動機付自転車は、交差点で右折するとき、二段階右折しなければならない。	原動機付自転車は、交差点で右折するとき、小回り右折しなければならない。	指定場所で警音器を鳴らさなければならない区間であることを示す。

 おもな「指示標識」

優先道路	横断歩道	安全地帯
優先道路であることを示す。	横断歩道であることを示す。	安全地帯であることを示す。

違いでわかる！

追越し禁止

これがある、ないで見分けがつく

追越し禁止 ← 補助標識あり

追越しのための右側部分はみ出し通行禁止

はみ出さない追い越しはOK

意味を間違えやすい「警戒標識」

T形道路交差点あり
この先にT形道路の交差点があることを示す。行き止まりではない。

学校、幼稚園、保育所などあり
この先に学校、幼稚園、保育所などがあることを示す。

すべりやすい
この先の道路がすべりやすいことを示す。

落石のおそれあり
この先が落石のおそれがあることを示す。

幅員減少
この先の道路の幅が狭くなることを示す。

道路工事中
この先の道路が工事中であることを示す。通行禁止の意味はない。

 ## おもな「案内標識」

方面及び方向の予告
方面と方向の予告を示す。

待避所
待避所であることを示す。

国道番号
国道番号を示す。

 ## おもな「補助標識」

車の種類
本標識が示す交通規制の対象となる車の種類を示す。

始まり
本標識が示す交通規制の始まりを示す。

終わり
本標識が示す交通規制の終わりを示す。

ステップ1 運転前の知識
標示

標示の種類

※巻末の「道路標識・標示一覧表」の標示も覚えましょう！

標示		
ペイントや道路びょうなどで道路に示された線や記号、文字のこと。	規制標示	特定の交通方法を禁止または指定するもの。
	指示標示	特定の方法ができることや道路交通上決められた場所などを指示するもの。

おもな「規制標示」

転回禁止
車は、8時〜20時に転回（Uターン）してはいけない。

追越しのための右側部分はみ出し通行禁止
ＡＢどちらの車も、黄色の線を越えて追い越しをしてはいけない。

Aの車は、黄色の線を越えて追い越しをしてはいけない。

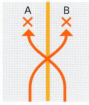

進路変更禁止
ＡＢどちらの車も、黄色の線を越えて進路変更してはいけない。

Aの車は、黄色の線を越えて進路変更してはいけない。

最高速度
示された速度を超えて運転してはいけない。

19

 立入り禁止部分 車は、この標示の中に入ってはいけない。	 停止禁止部分 車は、この標示の中で停止してはいけない。	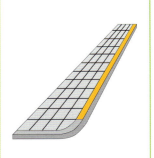 駐停車禁止 車は、駐停車をしてはいけない。
 駐車禁止 車は、駐車をしてはいけない。	 駐停車禁止路側帯 車は、路側帯内に駐車や停車をしてはいけない。歩行者と軽車両は通行できる。	 歩行者用路側帯 歩行者だけ通行できる。車は、路側帯内に駐車や停車をしてはいけない。
 専用通行帯 7時から9時まで（路線バス等の）専用通行帯であることを示す。	 路線バス等優先通行帯 7時から9時まで路線バス等の優先通行帯であることを示す。	 終わり 規制標示の交通規制の区間の終わりを示す。

No.19 おもな「指示標示」

横断歩道
歩行者が道路を横断する場所であることを示す。

自転車横断帯
自転車が道路を横断する場所であることを示す。

右側通行
車は道路の右側部分を通行できることを示す。

安全地帯
安全地帯であることを示す。

横断歩道または自転車横断帯あり
前方に横断歩道や自転車横断帯があることを示す。

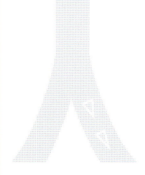

前方優先道路
前方の道路が優先道路であることを示す。

どちらの道路が優先？

Ⓐ ——— Ⓑ

前方優先道路だから、標示がないⒶのほうが優先

PART 1 試験に出る交通ルール
ステップ 1 運転前の知識
標示

21

ステップ1　運転前の知識

点検

No.20 日常点検

運転者自身が、走行距離や運行時の状況などから判断した適切な時期に原動機付自転車の点検を行う。

点検で不具合が見つかったときは、修理をしてから運転しなければならない。

No.21 原動機付自転車の点検箇所

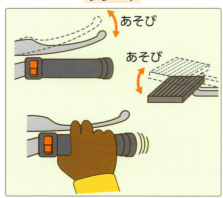

前輪ブレーキと後輪ブレーキが確実に効くか、あそび（10mm～20mm程度）は適正か。

前照灯、方向指示器、制動灯などが確実に点灯（点滅）するか。

チェーン

中央部を指で押したとき、適度なゆるみはあるか。

マフラー

確実に取り付けてあるか、音はうるさくないか。

ハンドル

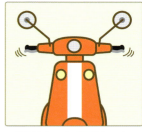

ガタはないか、重くないか、左右正常に切れるか。

タイヤ

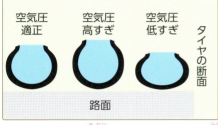

空気圧は適正か、亀裂やすり減りはないか、溝の深さは十分か、くぎなどが刺さっていないか。

燃料・オイル

エンジンオイルが適正量入っているか、漏れはないか、燃料（ガソリン）が十分あるか。

ミラー

乗車したとき、後方がよく見えるようにバックミラーの角度が合っているか。

エンジン

確実に始動するか、スムーズに加速や減速が行えるか。

ちょっと質問！

ブレーキの「あそび」って何ですか？

レバーを握る、またはペダルを踏んで10〜20mmの余裕の部分。ここは安全のためブレーキが効きません。

ステップ1　運転前の知識

乗車・積載

　原動機付自転車の乗車定員

運転者の <u>1</u> 名だけ。<u>二人乗り</u>は禁止されている。

　原動機付自転車の積載制限

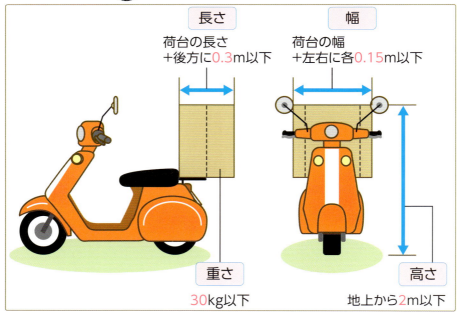

- ●重量…<u>30</u> キログラム以下
- ●高さ…地上から <u>2</u> メートル以下
- ●幅……荷台の幅＋左右にそれぞれ <u>0.15</u> メートル以下
- ●長さ…荷台の長さ＋後方に <u>0.3</u> メートル以下

No.24 荷物の積み方

荷物が転落、飛散しないように、ロープなどで確実に積む。

運転の妨げになるような積み方をしてはいけない。

車の安定が悪くなるような積み方をしてはいけない。

方向指示器や尾灯などが見えなくなるような積み方をしてはいけない。

No.25 けん引の方法

原動機付自転車は、リヤカーなどを1台けん引でき、120キログラムまで荷物をのせることができる。

ステップ1　運転前の知識
視覚、自然の力

No.26 視覚の特性

視野と速度の関係

速度が上がるほど運転者の視野は狭くなる。遠くを注視するようになり、近くはぼやけて見えにくくなる。

運転中の疲労の影響

運転中の疲労とその影響は、目に最も強く現れ、見落としや見間違いが多くなる。

明順応と暗順応

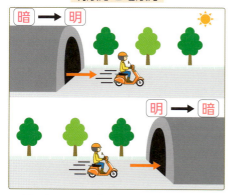

暗いところから急に明るいところへ出ると視力が一時的に低下する。これを明順応といい、その逆の場合が暗順応。暗順応は、明順応に比べて視力が回復するまでに時間がかかる

げん惑

夜間、対向車のライトを直接目に受けると、まぶしさのあまり一瞬見えなくなることがあるが、これをげん惑という。ライトを直視せず、目線をやや左側に移すようにする。

No.27 車に働く自然の力

慣性の法則

車が動き出すと、車には動き続けようとする力が働く。これが慣性の法則。濡れた路面を走るときや、タイヤがすり減っているときは、路面とタイヤの摩擦抵抗が小さくなり、停止距離は長くなる。

重力の影響

上り坂では、平坦な道路に比べて必要以上の力が必要になる。逆に下り坂では、加速力が増し、思った以上に速度が上がる。これは、車が重力の影響を受けているため。

遠心力

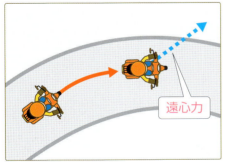

車がカーブを曲がろうとするとき、車には外側に飛び出そうとする力が働く。これが遠心力の作用で、同じカーブであれば速度の二乗に比例して大きくなる。カーブの半径が小さいほど、遠心力は大きくなる。

衝撃力

車が障害物にぶつかるときの力を衝撃力という。衝撃力は速度の二乗に比例して大きくなるので、速度が上がるほど衝撃力は大きくなる。

どちらが正しい？

速度の二乗に比例する

- **A** 速度が3倍 → 遠心力や衝撃力は **6倍**
- **B** 速度が3倍 → 遠心力や衝撃力は **9倍**

正しいのは **B**。9倍（3×3）になる

ステップ1 運転前の知識
服装、運転姿勢

No.28 運転にふさわしい服装

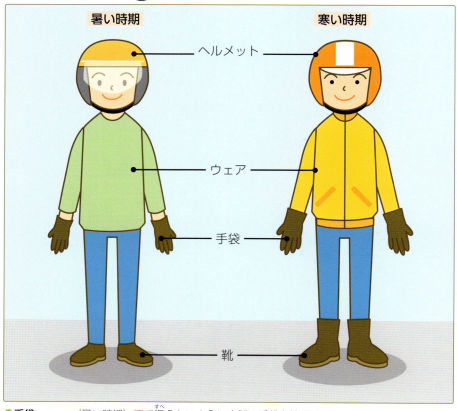

- **手袋**………(暑い時期) 汗で滑らないように皮製の手袋を使用する。
  (寒い時期) 防寒のため、厚手の手袋を使用する。
- **ヘルメット**……乗車用ヘルメットをかぶり、あごひもを必ず締める。PS(C)マークかJISマークの付いたものがよい。
- **ウェア**………(暑い時期) 肌が露出しないような長そでのものを着用する。
  (寒い時期) 視認性のよいジャケットを着る。動きやすい服装がよい。
  万一の転倒に備え、プロテクターを着用する。
  スカートや短パンではなく長ズボンをはく。
- **靴**……………ハイヒールやサンダルは不可。乗車用ブーツや運動靴が好ましい。

No.29 正しい乗車姿勢

- ●頭……あごを引き、目は前方を広く見る。
- ●肩……力を抜き、自然に背筋を伸ばす。
- ●ひじ…腕の力を抜き、ひじを軽く内側にしぼる。
- ●手……グリップの中央部分を軽く握り、手首に自然な角度をつける。
- ●腰……腕や足の動きに無理のない位置に座る。中心線から外れないように座る。
- ●ひざ…両ひざでシートの先端を軽くはさむ（ニーグリップ）。
- ●足……ステップに足を乗せ、つま先を前方に向ける。

 バイクを運転するときのヘルメットは工事用安全帽でもいい？

工事用安全帽は運転時のヘルメットとして十分な強度がありません。必ず乗車用ヘルメットをかぶりましょう。

ステップ1 確認テスト

P.8〜29で学んだ「運転前の知識」についてのテストです。○×で答え、間違えたら答のリンクページを見て、確認しておきましょう。

問1 自分本位の運転は、他人に危険や迷惑をかけるだけでなく自分自身も危険である。

答 ○ 　他人に迷惑をかけ、自分自身も危険です。
➡ P.8 No.1

問2 車を運転中、携帯電話で通話をしてはいけないが、メールの読み書きはしてもよい。

答 × 　画面を注視する行為も危険なので禁止です。
➡ P.9 No.3

問3 青色の灯火信号では、車（軽車両を除く）は直進、左折、右折ができるが、二段階右折しなければならない原動機付自転車は右折できない。

答 ○ 　二段階右折が必要な原動機付自転車は、青信号で右折できません。
➡ P.12 No.7

問4 前方の信号が黄色に変わったが、追突されるおそれがあったのでそのまま進行した。

答 ○ 　安全に停止できないときは、そのまま進めます。
➡ P.12 No.7

問5 前方の信号が黄色の点滅を表示しているとき、車は徐行しなければならない。

答 × 　他の交通に注意して進めます。
➡ P.13 No.7

問6 図のように警察官が灯火を頭上に上げているとき、矢印の方向の交通は、黄色の灯火信号と同じ意味である。

答 ○ 　矢印の方向は、黄色の灯火信号と同じです。
➡ P.14 No.8

問7 警察官が信号機の信号と異なる手信号をしていたので、信号機の信号に従った。

答 × 　警察官の手信号に従います。
➡ P.15 No.9

問8 図の標識のある道路では、原動機付自転車は時速40キロメートルで通行することができる。

答 × 　法定速度の時速30キロメートルを超えてはいけません。
➡ P.17 No.12

問9 図の標識のあるところでは、自動車や原動機付自転車は進入できないが、自転車であれば進入できる。

答 × 　「車両進入禁止」を表し、自転車も進入できません。
➡ 巻末「道路標識・標示一覧表」

問10 図の標識のある道路は、原動機付自転車も通行することができない。

答 ○ 　「二輪の自動車、原動機付自転車通行止め」を表します。
➡ 巻末「道路標識・標示一覧表」

30

問11	図の標識は、自動車と原動機付自転車は通行できないことを表している。		答 ○	自動車と原動機付自転車が通行できないことを示します。 ➡巻末「道路標識・標示一覧表」
問12	図の標識は、原動機付自転車が右折するとき、二段階の方法で右折しなければならないことを表している。		答 ×	「原動機付自転車の右折方法（小回り）」を示します。 ➡ P.17 No.12
問13	図は、「左折可」を表している。		答 ×	地が青で白矢印は、「一方通行」の標識です。 ➡巻末「道路標識・標示一覧表」
問14	図の路側帯は、歩行者だけが通行することができる。		答 ○	「歩行者用路側帯」で、歩行者だけが通行できます。 ➡ P.20 No.18
問15	図の標示のあるところでは、車の駐停車が禁止されている。		答 ×	「駐車禁止」の標示で、停車は禁止されていません。 ➡ P.20 No.18
問16	原動機付自転車を点検するとき、ブレーキレバーやブレーキペダルには適度のあそびがあるように調節する。		答 ○	適度なあそび（10mm～20mm程度）が必要です。 ➡ P.22 No.21
問17	原動機付自転車に積載できる荷物の重さは、60キログラムまでである。		答 ×	荷物の重さの制限は、30キログラムまでです。 ➡ P.24 No.23
問18	夏の暑い時期に二輪車を運転するときは、汗をかいて疲労するので、なるべく肌の露出した涼しい服装がよい。		答 ×	転倒に備えて長そで、長ズボンを着用します。 ➡ P.28 No.28
問19	二輪車を運転するときは、バランスがとりやすいようにひざを開くのがよい。		答 ×	タンクかシートの先端をはさむようにして運転します。 ➡ P.29 No.29
問20	原動機付自転車はふらつきやすいので、肩やひじに力を入れて運転するとよい。		答 ×	肩やひじの力を抜き、自然にハンドルが切れるようにします。 ➡ P.29 No.29

ステップ2 道路の通行方法
車が通行するところ

 左側通行の原則

中央線のない道路では

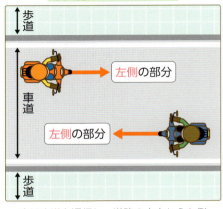

車は車道を通行し、道路の中央から左側の部分を通行しなければならない。

車両通行帯のない道路では

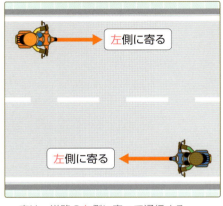

車は、道路の左側に寄って通行する。

車両通行帯のある道路では

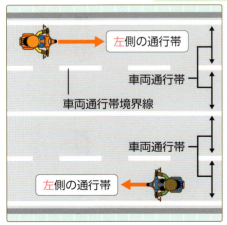

2つの車両通行帯があるときは、右側の通行帯は追い越しなどのためにあけておき、左側の通行帯を通行する。

3つ以上の車両通行帯があるときは、原動機付自転車は速度が遅いので、いちばん左側の通行帯を通行する。

32

No.31 左側通行の例外

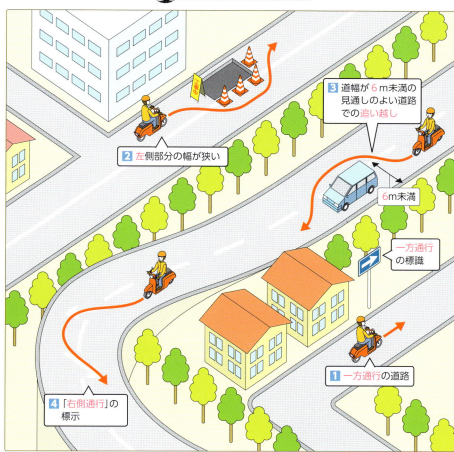

次の場合は、道路の中央から右側の部分にはみ出して通行することができる。
ただし、1以外は、はみ出し方をできるだけ少なく（最小限に）しなければならない。
1 道路が一方通行となっているとき。
2 道路工事などで、左側部分の幅が十分でないとき。
3 道路の左側部分の幅が6メートル未満の見通しのよい道路で他の車を追い越すとき。
4 「右側通行」の標示があるとき。

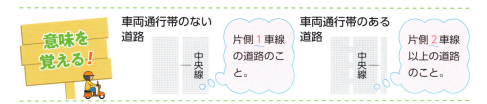

ステップ2 道路の通行方法
車が通行してはいけないところ

No.32 車の通行禁止場所

歩道・路側帯

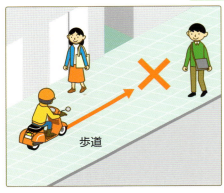

自動車や原動機付自転車は、歩道や路側帯を通行してはいけない。

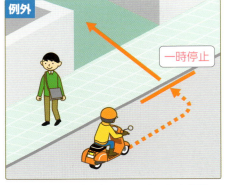

道路に面した場所に出入りするため横切るときは通行できる。この場合、歩行者の有無にかかわらず、直前で一時停止しなければならない。

軌道敷内

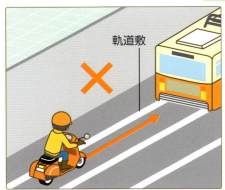

車は、軌道敷内を通行してはいけない。

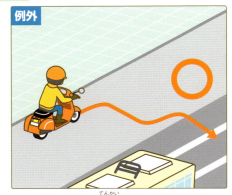

右左折、横断、転回するために横切るとき、左側だけでは通行できないとき、危険防止などでやむを得ないときは、軌道敷内を通行できる。

34

標識・標示による通行禁止

車は、「車両通行止め」や「立入り禁止部分」など、標識や標示で通行が禁止されている場所を通行してはいけない。

「歩行者専用」の標識がある道路でも、沿道に車庫がある場合などでとくに通行を認められた車は通行できる。この場合、歩行者に注意して徐行しなければならない。

No.33 交通状況による進入禁止

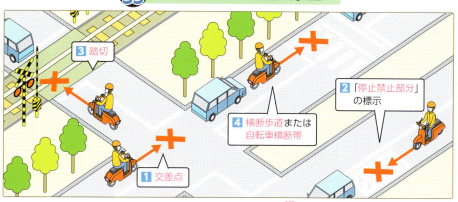

前方の交通が混雑しているため、そのまま進むと他の交通の妨げとなるような次の場所には、進入してはいけない。

1 交差点
2 「停止禁止部分」の標示
3 踏切
4 横断歩道または自転車横断帯

違いでわかる！

歩行者専用
原則として車は通行できない。

自転車専用
原則として自転車しか通行できない。

自転車および歩行者専用
自転車と歩行者が通行できる。

PART 1 試験に出る交通ルール
ステップ 2 道路の通行方法
車が通行してはいけないところ

35

ステップ2 道路の通行方法
緊急自動車・路線バスの優先

No.34 「緊急自動車」とは

サイレンを鳴らして赤色の警光灯をつけ、緊急用務のために運転中の次のような自動車をいう（交通取締まりに従事する場合は、サイレンを鳴らさないこともある）。

1 消防用自動車　　2 救急自動車　　3 パトカー　　4 白バイ

No.35 緊急自動車が近づいてきたとき

交差点やその付近では

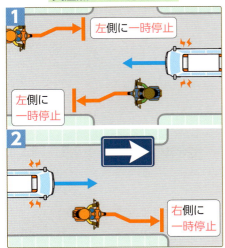

1 交差点を避け、道路の左側に寄って一時停止する。
2 一方通行の道路で左側に寄るとかえって妨げとなるようなときは、交差点を避け、道路の右側に寄って一時停止する。

交差点やその付近以外では

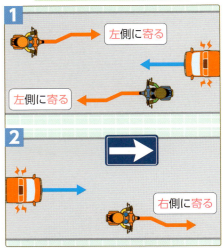

1 道路の左側に寄って進路を譲る。
2 一方通行の道路で、左側に寄るとかえって妨げとなるようなときは、道路の右側に寄って進路を譲る。

「路線バス等」とは

路線バスのような乗合自動車のほかに、次のような自動車をいう。

1 観光バス
2 通学・通園バス
3 通勤送迎用バス（公安委員会が指定したもの）

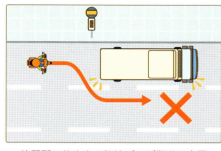

停留所に停車中の路線バスが発進の合図をしたときは、急ブレーキや急ハンドルで避けなければならない場合を除き、その発進を妨げてはいけない。

 ## 路線バス等の「専用通行帯」では

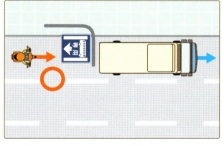

路線バス等のほか、原動機付自転車、小型特殊自動車、軽車両は通行できる。

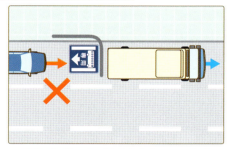

路線バス等、小型特殊自動車以外の自動車は通行できない。

 ## 「路線バス等優先通行帯」では

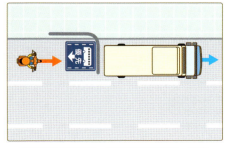

原動機付自転車、小型特殊自動車、軽車両は通行できる。

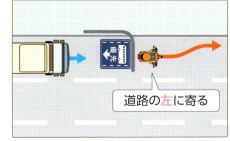

道路の左に寄る

路線バス等が接近してきたときは、左側に寄って進路を譲る。

ステップ2 道路の通行方法
歩行者の保護

39 歩行者や自転車のそばを通るとき

安全な間隔をあけて通行する。

安全な間隔をあけることができない場合は徐行する（徐行の意味はP.43No.48を参照）。

40 安全地帯のそばを通るとき

歩行者がいるときは徐行する。

歩行者がいないときはそのまま通行する。

 安全地帯って何ですか？

道路上に設けられた島状の施設や、標識と標示によって示された道路の部分です。

 標識   標示

停止中の路面電車のそばを通るとき

乗り降りする人や道路を横断する人がいなくなるまで、後方で停止して待つ。

次の場合は徐行して進める。
1. 安全地帯があるとき。
2. 安全地帯がなく乗り降りする人がいない場合で、路面電車との間に 1.5 メートル以上の間隔がとれるとき。

 ## 前方に横断歩道や自転車横断帯があるとき

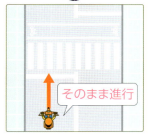

歩行者や自転車が明らかにいないときは、そのまま進める。

歩行者や自転車がいるかいないか明らかでないときは、停止できる速度に落として進む。

歩行者や自転車が横断しているとき、横断しようとしているときは、その手前で一時停止する。

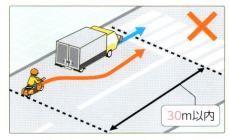

横断歩道や自転車横断帯の直前に停止している車があるときは、そのそばを通って前方に出る前に一時停止しなければならない。

横断歩道や自転車横断帯とその手前 30 メートル以内の場所は、追い越しや追い抜きが禁止されている。

No.43 歩行者になる人

道路を通行している人のほか、次のような人が歩行者となる。
乳母車や小児用の車、身体障害者用の車いす、歩行補助車で通行している人、二輪車のエンジンを止め押して歩いている人（側車付のもの、けん引している場合を除く）。

No.44 子どもや身体の不自由な人などの保護

停止中の通学・通園バスのそばを通るときは、徐行しなければならない。

学校、幼稚園、遊園地などの付近や、「通学路」の標識があるところでは、子どもの飛び出しに注意する。

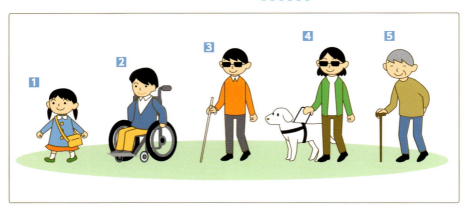

次のような人が通行しているとき、車は一時停止か徐行して、安全に通行できるようにしなければならない。
1 ひとりで歩いている子ども
2 身体障害者用の車いすの人
3 白か黄色のつえを持った人
4 盲導犬を連れた人
5 通行に支障がある高齢者や身体障害者

No.45 マークの種類と意味

1 初心運転者標識（初心者マーク）
準中型免許または普通免許を受けて1年未満の人が付けるマーク。

2 高齢運転者標識（高齢者マーク）
70歳以上の運転者が付けるマーク。

3 聴覚障害者標識（聴覚障害者マーク）
聴覚に障害のある人（免許証に条件が記載されている人が対象）が付けるマーク。

4 身体障害者標識（身体障害者マーク）
身体に障害のある人（免許証に条件が記載されている人が対象）が付けるマーク。

5 仮免許練習標識
自動車の運転を練習する（または試験を受ける）人が付けるマーク。

1～5のマークを付けている車に対しては、側方に幅寄せしたり、前方に割り込んだりしてはいけない（初心者マークを付けた準中型自動車は除く）。

No.46 他人に迷惑をかけるような運転の禁止

1 ハンドルやブレーキなどが故障している整備不良車を運転してはいけない。
2 集団でのジグザグ運転や危険をおよぼすような運転はしてはいけない。
3 他人に迷惑をかけるような騒音を出す急発進や急加速をしてはいけない。
4 ハンドルやマフラーなどを違法に改造して運転してはいけない。

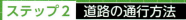

ステップ2 道路の通行方法
速度、徐行

No.47 「規制速度」と「法定速度」

規制速度

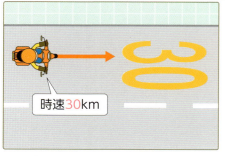

時速30km

標識や標示によって最高速度が指定されている道路での最高速度をいう。

最高速度は、自動車、原動機付自転車ともに時速30キロメートル。

最高速度は、自動車が時速50キロメートル、原動機付自転車が時速30キロメートル。

法定速度

時速30km

標識や標示によって最高速度が指定されていない道路での最高速度をいう。

自動車	時速 60 キロメートル
原動機付自転車	時速 30 キロメートル
原動機付自転車でリヤカーなどをけん引するとき	時速 25 キロメートル

最高速度は、自動車が時速60キロメートル、原動機付自転車は時速30キロメートル。原動機付自転車でリヤカーなどをけん引するときの最高速度は、時速25キロメートル。

どちらが正しい？ 下の標識のある道路での原動機付自転車の最高速度は？

40　A 時速30キロメートル　B 時速40キロメートル

正しいのは　A。時速30キロメートルが最高速度

42

No.48 「徐行」の意味

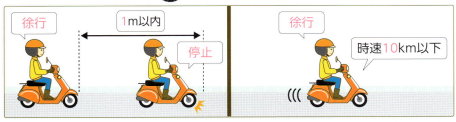

徐行とは、車がすぐに停止できるような速度で進行することをいう。一般的に、ブレーキを操作してからおおむね1メートル以内で停止できるような速度をいい、時速10キロメートル以下の速度といわれている。

No.49 徐行しなければならない場所

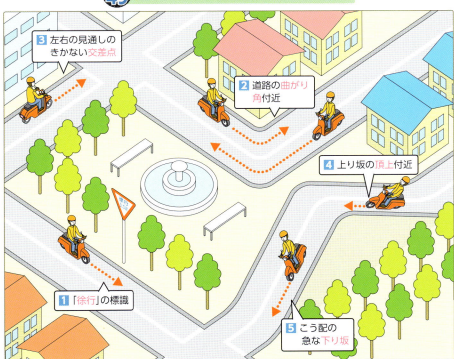

1 「徐行」の標識がある場所。
2 道路の曲がり角付近。
3 左右の見通しのきかない交差点。
【例外】信号機がある場合や優先道路を通行している場合。
4 上り坂の頂上付近。
5 こう配の急な下り坂。

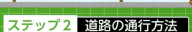

ステップ2 道路の通行方法
停止距離、ブレーキのかけ方

No.50 車の停止距離

空走距離 ＋ **制動距離** ＝ **停止距離**

危険を感じてブレーキをかけ、ブレーキが実際に効き始めるまでに走る距離。

ブレーキが効き始めてから車が完全に停止するまでに走る距離。速度の二乗に比例して大きくなる（速度2倍→制動距離4倍）。

危険を感じてからブレーキをかけ、車が完全に停止するまでに走る距離。

運転者が疲れていると、危険を認知してからブレーキをかけるまでに時間がかかるので、空走距離が長くなる。

濡れた路面を走行するときや、重い荷物を積んでいるときは、摩擦力や慣性力の影響で制動距離が長くなる。

No.51 安全な速度、車間距離

安全な速度とは、制限速度内で、道路や交通の状況、天候や視界などを考えたゆとりのある速度をいう。

安全な車間距離とは、前車が急に止まっても前車に追突しないような余裕のある距離（停止距離以上の距離）をいう。

No.52 二輪車のブレーキのかけ方

右手で操作する前輪ブレーキ、左手で操作する後輪ブレーキ（右足で操作する車種もある）、エンジンブレーキの3種類がある。

エンジンブレーキは、スロットルを戻す、または低速ギアに入れることによる制動方法で、低速ギアになるほど制動効果が高くなる。

No.53 ブレーキ操作の基本

身体を垂直に保ち、前輪ブレーキと後輪ブレーキを同時に使用する。

ブレーキは、数回（2〜3回）に分けて使用する。スリップ防止、または後続車への合図にもなる。

カーブ中にブレーキをかけるとスリップや転倒のおそれがあるので、車体が直立した状態で使用する。

ブレーキを一気に強くかけるとタイヤがロックして転倒のおそれがあるので、まずブレーキレバーを握り、そこからジワーッと徐々に力を加えていく。

エンジンブレーキは2種類

意味を覚える！

1 スロットルを戻すことでエンジンの回転数を低下させて速度を落とす。

2 低速ギアに入れることでエンジンの回転数を低下させて速度を落とす。

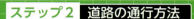

ステップ2 道路の通行方法
警音器、合図

No.54 警音器の使用制限

警音器は、みだりに鳴らしてはいけない。

警音器は、「警笛鳴らせ」の標識がある場所や、危険を避けるためやむを得ない場合は鳴らすことができる。

No.55 「警笛区間」の標識がある区間内で警音器を鳴らす場所

1 左右の見通しのきかない交差点
2 見通しのきかない道路の曲がり角
3 見通しのきかない上り坂の頂上

1 左右の見通しのきかない交差点。
2 見通しのきかない道路の曲がり角。
3 見通しのきかない上り坂の頂上。

次のケースは正しい？

次の場合は警音器を使用してもよい？

Ⓐ 信号が青になっても前車が発進しない

Ⓑ 車が到着したときに合図をする

ⒶⒷともに誤り。警音器の乱用になる

46

合図の時期と方法

合図を行う場合	合図の時期	合図の方法
左折するとき（環状交差点内を除く）＊環状交差点については P.61No.71 を参照。	左折しようとする（または交差点から）30メートル手前の地点に達したとき	左側の方向指示器を操作するか、左腕を水平に伸ばす／左側の方向指示器を操作するか、右腕を車の外に出してひじを垂直に上に曲げる
環状交差点を出るとき（環状交差点に入るときは合図を行わない）	出ようとする地点の直前の出口の側方を通過したとき（環状交差点に入った直後の出口を出る場合は、その環状交差点に入ったとき）	
左側に進路変更するとき	進路を変えようとする約3秒前	
右折や転回するとき（環状交差点内を除く）	右折か転回をしようとする（または交差点から）30メートル手前の地点に達したとき	右側の方向指示器を操作するか、左腕のひじを垂直に上に曲げる／右側の方向指示器を操作するか、右腕を車の外に出して水平に伸ばす
右側に進路変更するとき	進路を変えようとする約3秒前	
徐行か停止するとき	徐行か停止しようとするとき	制動灯をつけるか、左腕を斜め下に伸ばす／制動灯をつけるか、右腕を車の外に出して斜め下に伸ばす
後退するとき	後退しようとするとき	後退灯をつけるか、腕を車の外に出して斜め下に伸ばし、手のひらを後ろに向けてその腕を前後に動かす

1 右左折などが終わったら、すみやかに合図をやめる。
2 手による合図は、夕日などで方向指示器が見えにくい状況のときに方向指示器の操作とあわせて行う。

ステップ2 確認テスト ▶▶▶

P.32 ～ 47 で学んだ「道路の通行方法」についてのテストです。○×で答え、間違えたら答のリンクページを見て、確認しておきましょう。

問1 車両通行帯が3つある道路では、原動機付自転車は交通量の少ない通行帯を通行する。

答 × いちばん左側の通行帯を通行します。
➡ P.32 No.30

問2 道路の左側部分の幅が通行するのに十分でないときは、道路の右側部分にはみ出して通行することができる。

答 ○ 通行できないときは、右側にはみ出せます。
➡ P.33 No.31

問3 図の標識のあるところは、原動機付自転車は通行してはいけない。

答 ○ 原動機付自転車は高速道路を通行できません。
➡ 巻末「道路標識・標示一覧表」

問4 前方の信号が青色であっても、前方の交通が混雑していて交差点内で止まってしまうおそれのあるときは、交差点に進入してはならない。

答 ○ 青信号でも交差点に進入してはいけません。
➡ P.35 No.33

問5 交差点内を走行中に緊急自動車が接近してきたときは、その場で一時停止して進路を譲る。

答 × 交差点を出て、道路の左側に寄り、一時停止します。
➡ P.36 No.35

問6 路線バス等の専用通行帯が指定されている道路であっても、原動機付自転車は通行することができる。

答 ○ 原動機付自転車は、専用通行帯を通行できます。
➡ P.37 No.37

問7 原動機付自転車で路線バス等優先通行帯を通行中、後方から路線バスが接近してきたときは、必ずその通行帯から出て進路を譲る。

答 × 道路の左側に寄って進路を譲ります。
➡ P.37 No.38

問8 歩行者や自転車のそばを通るときは、必ず徐行しなければならない。

答 × 安全な間隔をあけられるときは、徐行の必要はありません。
➡ P.38 No.39

問9 横断歩道に近づいたとき、これから道路を横断しようとしている人を見かけたら、いつでも停止できるような速度に落として進行する。

答 × 一時停止して歩行者に道を譲ります。
➡ P.39 No.42

48

問10	横断歩道に歩行者が明らかにいなくても、車は停止できる速度に落として進行する。	**答 ✕**	歩行者が明らかにいない場合は、そのまま進めます。 ➡ P.39 No.42
問11	つえを持って歩いている高齢者がいるときは、一時停止または徐行しなければならない。	**答 ◯**	通行に支障のある高齢者へは、一時停止か徐行します。 ➡ P.40 No.44
問12	走行中の速度を半分以下に落とせば、徐行したことになる。	**答 ✕**	徐行は、車がすぐに停止できるような速度で進行することです。 ➡ P.43 No.48
問13	道路の曲がり角付近は、見通しがよい、悪いにかかわらず、徐行しなければならない。	**答 ◯**	道路の曲がり角付近は、見通しにかかわらず徐行場所です。 ➡ P.43 No.49
問14	制動距離は、空走距離と停止距離を合わせたものである。	**答 ✕**	空走距離と制動距離を合わせたのが停止距離です。 ➡ P.44 No.50
問15	危険を感じてからブレーキをかけ、車が停止するまでに走る距離を制動距離という。	**答 ✕**	設問の内容は停止距離です。 ➡ P.44 No.50
問16	二輪車のブレーキは、後輪ブレーキをかけてから前輪ブレーキをかけるとよい。	**答 ✕**	二輪車のブレーキは、前後輪を同時に使用します。 ➡ P.45 No.53
問17	友人と行き違うときや、前車の発進を促すために警音器を鳴らしてはいけない。	**答 ◯**	設問のような使用は警音器の乱用になります。 ➡ P.46 No.54
問18	図のような手による合図は、右折か転回、または右へ進路を変えようとすることを表す。	**答 ◯**	図は、右折か転回、または右への進路変更の合図です。 ➡ P.47 No.56
問19	進路を変えようとするときは、進路を変えようとする30メートル手前で合図を行う。	**答 ✕**	進路を変えようとする約3秒前に行います。 ➡ P.47 No.56
問20	徐行するときは、徐行しようとするときに合図を行う。	**答 ◯**	徐行しようとするときに合図を行います。 ➡ P.47 No.56

ステップ3　学科試験の重要項目
進路変更、行き違い

 進路変更の制限

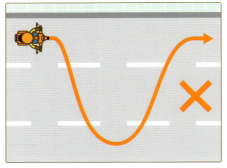

車は、みだりに進路変更してはいけない。

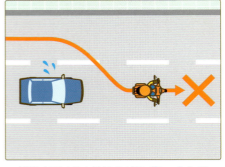

進路変更すると後続車が急ブレーキや急ハンドルで避けなければならないようなときは、進路変更してはいけない。

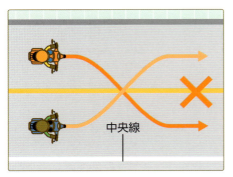

車両通行帯が黄色の線で区画されているときは、その線を越えて進路変更してはいけない。

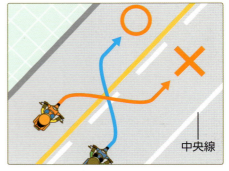

車両通行帯が黄色と白の線で区画されている場合は、黄色の線が引かれた側からのみ進路を変えてはいけない。

どちらが正しい？

車両通行帯が次のように区画されている道路での進路変更で正しいのは？

正しいのは　Ⓐ 。白の破線側からは進路変更できる

50

No.58 進路変更の方法

あらかじめバックミラーや目視（直接自分の目で見ること）で安全を確かめ、方向指示器などで合図をし、もう一度安全を確かめてから進路変更する。

No.59 行き違いの方法

対向車と行き違うとき

対向車との間に安全な間隔を保つ。

歩行者や自転車と行き違うとき

歩行者や自転車との間に安全な間隔を保つ。

「安全な間隔」とは
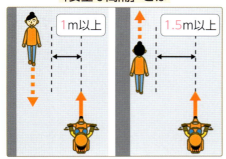

対面ではおおむね1メートル以上、背面ではおおむね1.5メートル以上といわれている。

進路に障害物があるとき

あらかじめ一時停止か減速をして、反対方向からの車に道を譲る。

ステップ3 学科試験の重要項目
追い越し

No.60 「追い越し」と「追い抜き」

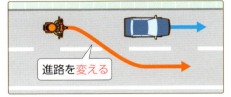

追い越しは、車が進路を変えて、進行中の前車の前方に出ることをいう。

追い抜きは、車が進路を変えずに、進行中の前車の前方に出ることをいう。

No.61 追い越しの方法

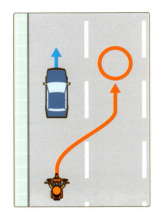
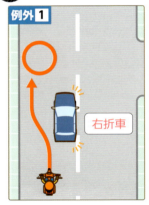
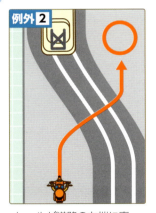

追い越しをするときは、前車の右側を通行する。路面電車を追い越すときは、その左側を通行する。

前車が右折するため道路の中央(一方通行路では右端)に寄って通行しているときは、その左側を通行する。

レールが道路の左端に寄って設けられている場合は、路面電車の右側を通行する。

意味を覚える!

二重追い越し
前車が自動車を追い越そうとしているときに、前車を追い越す行為。

前車が追い越そうとしているのは自動車なので、追い越し不可。

前車が追い越そうとしているのは原動機付自転車なので、追い越し可。

No.62 追い越しが禁止されている場合

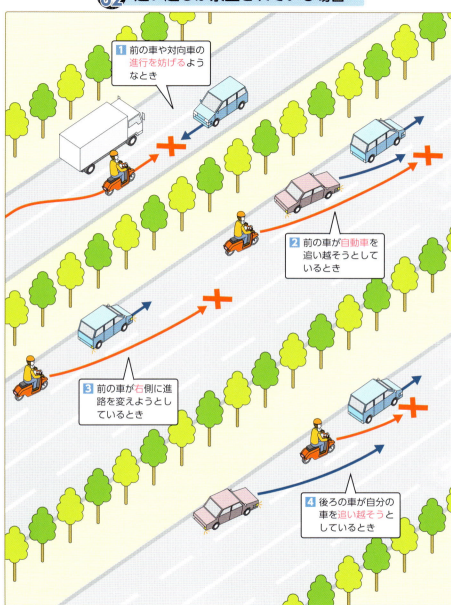

1 追い越しをすると、前の車や対向車の進行を妨げるようなとき。
2 前の車が自動車を追い越そうとしているとき（二重追い越し）。
3 前の車が右折などのため右側に進路を変えようとしているとき。
4 後ろの車が自分の車を追い越そうとしているとき。

No.63 追い越しが禁止されている場所

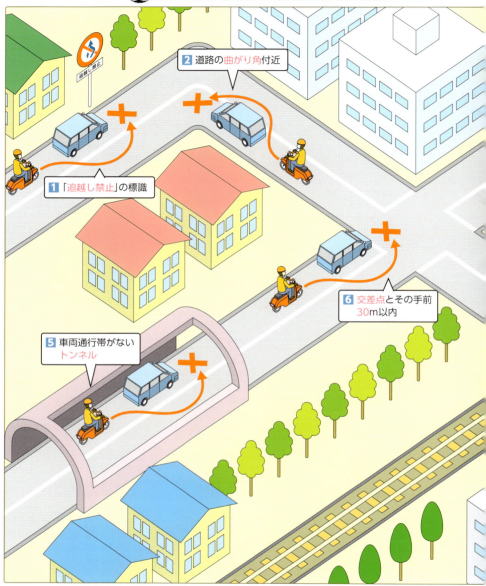

1 「追越し禁止」の標識
2 道路の曲がり角付近
5 車両通行帯がないトンネル
6 交差点とその手前30m以内

1 「追越し禁止」の標識（P.56No.65を参照）がある場所。
2 道路の曲がり角付近。（注）見通しに関係なく禁止。
3 上り坂の頂上付近。
4 こう配の急な下り坂。（注）こう配の急な上り坂では禁止されていない。
5 車両通行帯がないトンネル。

(注) 追い越し禁止場所でも、自転車などの軽車両を追い越すことはできる。

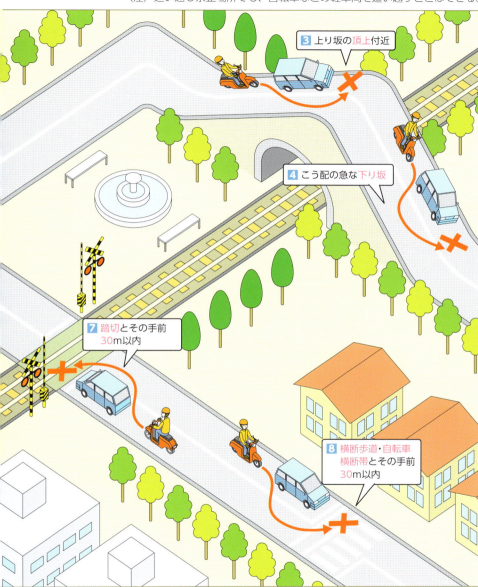

6 交差点と、その手前から 30 メートル以内の場所。
　【例外】優先道路を通行している場合は、追い越しが禁止されていない。
7 踏切と、その手前から 30 メートル以内の場所。
8 横断歩道や自転車横断帯と、その手前から 30 メートル以内の場所（追い抜きも禁止）。

55

No.64 追い越しの手順

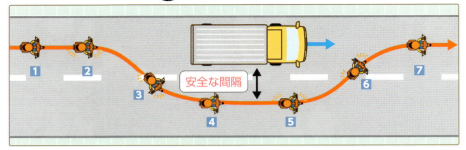

1 あらかじめバックミラーなどで、周囲の安全を確認する。
2 右側の方向指示器を出す。
3 もう一度安全を確かめ、約3秒後に、ゆるやかに進路を変える。
4 追い越す車との間に、安全な側方間隔を保つ。
5 左側の方向指示器を出す。
6 追い越した車と安全な車間距離が保てるほど進んでから、ゆるやかに進路を変える。
7 合図をやめる。

No.65 追い越し禁止の標識・標示

「追越し禁止」の標識

道路の右側部分にはみ出す、はみ出さないにかかわらず、追い越しが禁止されている。

「追越しのための右側部分はみ出し通行禁止」の標識

車は、道路の右側にはみ出して追い越しをしてはいけない。

「追越しのための右側部分はみ出し通行禁止」の標示

A・Bどちらの側も、追い越しのため、道路の右側部分にはみ出して通行してはいけない。

A側は、追い越しのため、道路の右側部分にはみ出して通行してはいけないが、B側はよい。

ステップ3　学科試験の重要項目
交差点の通行方法

 左折、右折の方法

左折の方法　　　右折の方法（小回り）　　一方通行の道路での右折方法

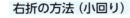

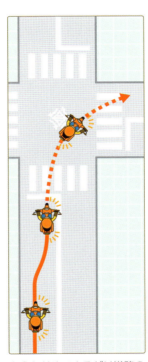

あらかじめできるだけ道路の左端に寄り、交差点の側端に沿って徐行しながら通行する。

あらかじめできるだけ道路の中央に寄り、交差点の中心のすぐ内側を徐行しながら通行する。

あらかじめできるだけ道路の右端に寄り、交差点の中心の内側を徐行しながら通行する。

違いでわかる！

右折の方法
交差点の中心のすぐ内側
あらかじめ中央に

一方通行の道路での右折
交差点の中心の内側
あらかじめ右端に

57

原動機付自転車の二段階右折

二段階右折しなければならない場合

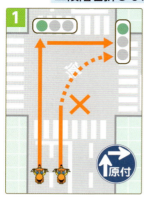

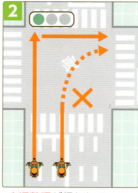

「交通整理が行われている交差点」とは

交通整理が行われていて、「原動機付自転車の右折方法（二段階）」の標識のある道路の交差点。

交通整理が行われていて、車両通行帯が3つ以上ある道路の交差点。

信号機などがある道路の交差点のことをいう。

二段階右折の手順

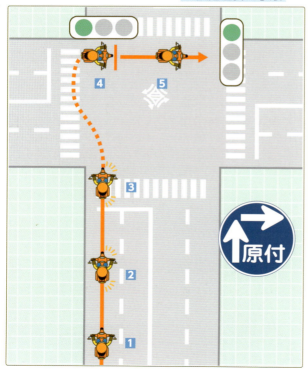

1 あらかじめできるだけ道路の左端に寄る。
2 交差点の30メートル手前の地点に達したときに右合図を出す。
3 青信号で徐行しながら、交差点の向こう側までまっすぐに進む。
4 この地点で止まって向きを変え、ここで合図をやめる。
5 前方の信号が青になってから進む。

No.68 交通整理の行われていない交差点の通行方法

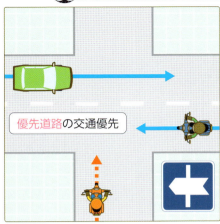

交差する道路が優先道路のときは、徐行して、交差する道路を通行する車の進行を妨げてはいけない。

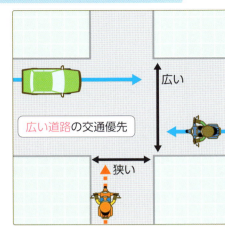

交差する道路の幅が広いときは、徐行して、交差する道路を通行する車の進行を妨げてはいけない。

同じような道幅の交差点では

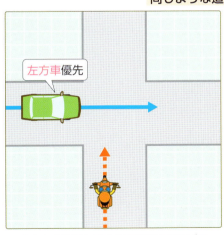

左方から進行してくる車の進行を妨げてはいけない。

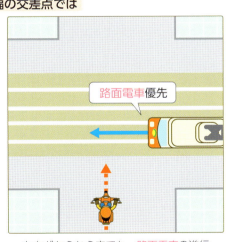

左右どちらから来ても、路面電車の進行を妨げてはいけない。

二段階の方法で右折する原動機付自転車の合図は？

A あらかじめ道路の左端に寄るので左合図を出す

B 交差点の30メートル手前の地点で右合図を出す

正しいのは B 。二段階右折でも右に合図

59

69 交差点で右左折するときの注意点

左折するとき

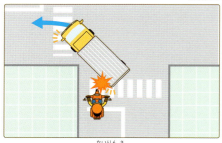

大型自動車などの内輪差による巻き込まれに十分注意する。

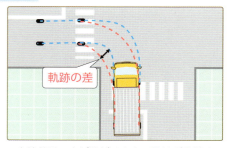

内輪差は、車が曲がるとき、後輪が前輪より内側を通ることによる前後輪の軌跡の差のことをいう。

右折するとき

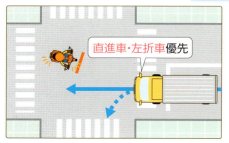

たとえ先に交差点に入っていても、直進車や左折車の進行を妨げてはいけない。

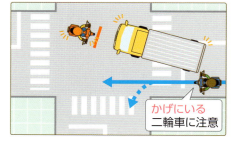

対向車のかげにいて直進してくる二輪車に十分注意する。

70 進行方向に関する標識・標示

「指定方向外進行禁止」の標識

車は、矢印の方向しか進めない。

「進行方向別通行区分」の標識・標示

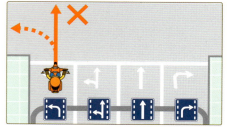

車は、指定された方向しか進めない（二段階右折の原動機付自転車が右左折する場合や、緊急自動車に進路を譲る場合などやむを得ない場合を除く）。

No.71 環状交差点の通行方法

環状交差点は、車両が通行する部分が環状（円形）の交差点で、標識などにより車両が右回りに通行することが指定されているものをいう。

左折、右折、直進、転回する場合で、矢印などの標示で通行方法を指定されているときは、その指定に従う。

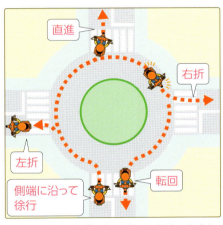

左折、右折、直進、転回するときは、あらかじめできるだけ道路の左端に寄り、環状交差点の側端に沿って徐行しながら通行する。

環状交差点に入ろうとするときは、徐行するとともに、環状交差点内を通行する車や路面電車の進行を妨げてはいけない。

どちらが正しい？
車が曲がるとき、前後輪の通る位置は？

A 前輪は後輪より内側を通る

B 後輪は前輪より内側を通る

正しいのは B。この差を内輪差という

ステップ3 学科試験の重要項目
駐停車

駐車と停車

駐車になる場合

客待ち、荷物待ちによる停止。

5分を超える荷物の積みおろしのための停止。

故障などによる停止や、運転者が車から離れていて、すぐに運転できない状態での停止。

停車になる場合

人の乗り降りのための停止。

5分以内の荷物の積みおろしのための停止。

運転者がすぐに運転できる状態での短時間の停止。

次のケースはどちら？

駐車になる？

故障	人の乗り降り
駐車	停車

停車になる？

5分間の荷物の積みおろし	荷物待ち
停車	駐車

No.73 駐車が禁止されている場所

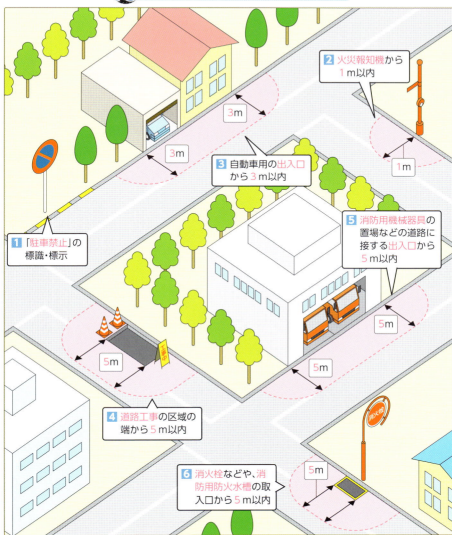

1. 「駐車禁止」の標識や標示のある場所。
2. 火災報知機から1メートル以内の場所。
3. 駐車場、車庫などの自動車用の出入口から3メートル以内の場所。
4. 道路工事の区域の端から5メートル以内の場所。
5. 消防用機械器具の置場、消防用防火水槽、これらの道路に接する出入口から5メートル以内の場所。
6. 消火栓、指定消防用水利の標識が設けられている位置や、消防用防火水槽の取入口から5メートル以内の場所。

No.74 駐停車が禁止されている場所

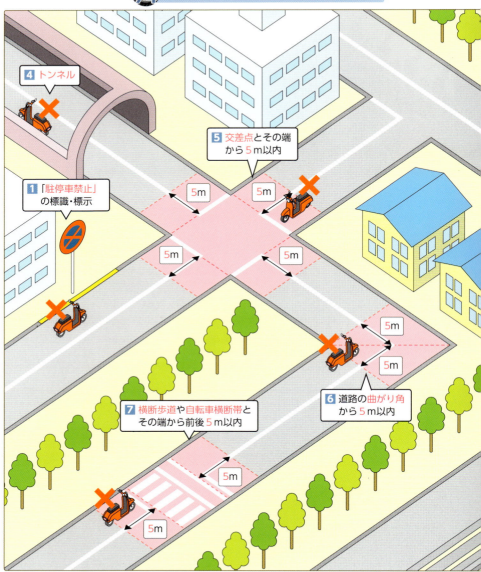

1 「駐停車禁止」の標識や標示のある場所。
2 軌道敷内。
3 坂の頂上付近やこう配の急な坂（上りも下りも）。
4 トンネル（車両通行帯があってもなくても）。
5 交差点と、その端から5メートル以内の場所。
6 道路の曲がり角から5メートル以内の場所。

（注）駐停車禁止場所でも、法令の規定に従う場合などの一時停止はできる。

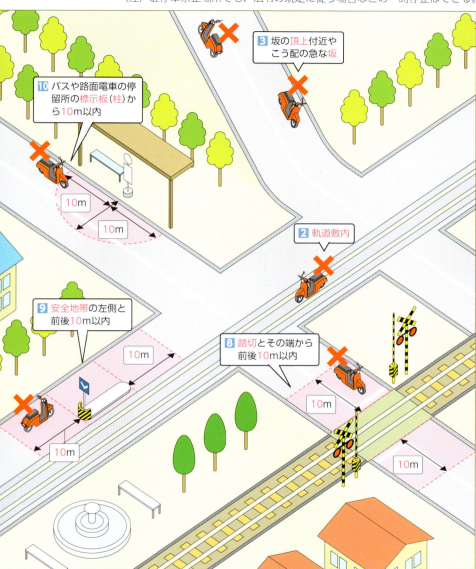

7 横断歩道や自転車横断帯と、その端から前後5メートル以内の場所。
8 踏切と、その端から前後10メートル以内の場所。
9 安全地帯の左側と、その前後10メートル以内の場所。
10 バスや路面電車の停留所の標示板（柱）から10メートル以内の場所（運行時間中に限る）。

No.75 無余地駐車の禁止

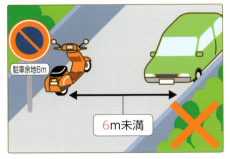

駐車したとき、車の右側の道路上に3.5メートル以上の余地がとれない場所には駐車してはいけない。

標識で余地が指定されている場合は、車の右側に示された余地をとらなければならない。

余地がなくても駐車できる場合

荷物の積みおろしを行う場合で、運転者がすぐに運転できるとき。

傷病者の救護のため、やむを得ないとき。

No.76 駐車するときの措置

危険防止のため、平坦で固い場所に止め、センタースタンドを立てておく。

盗難防止のため、エンジンを止め、ハンドルをロックして、エンジンキーを携帯する。車輪ロック装置などで施錠する。

No.77 駐停車の方法

歩道や路側帯のない道路では、道路の左端に沿って止める。

歩道のある道路では、車道の左端に沿って止める。

路側帯のある道路では

幅が0.75メートル以下の路側帯では、車道の左端に沿って止める。

幅が0.75メートルを超える路側帯では、路側帯に入り、車の左側に0.75メートル以上の余地をあけて止める。

実線と破線の路側帯は「駐停車禁止路側帯」を表し、中に入らず、車道の左端に沿って止める。

2本の実線の路側帯は「歩行者用路側帯」を表し、中に入らず、車道の左端に沿って止める。

ステップ3 確認テスト

P.50〜67で学んだ「学科試験の重要項目」についてのテストです。○×で答え、間違えたら答のリンクページを見て、確認しておきましょう。

		答	
問1	追い抜きとは、進路を変えて進行中の前車の側方を通り、その前方に出ることをいう。	×	進路を変えずに進行中の前車の前方に出るのが追い抜きです。→ P.52 No.60
問2	トンネル内は、車両通行帯の有無に関係なく追い越しが禁止されている。	×	車両通行帯があるトンネルでの追い越しは禁止されていません。→ P.54〜55 No.63
問3	横断歩道や自転車横断帯とその手前から30メートルの間は追い越しは禁止されているが、追い抜きは禁止されていない。	×	追い越しも追い抜きも禁止されています。→ P.54〜55 No.63
問4	交差点の30メートル以内の場所であっても、優先道路を通行している場合は追い越しをしてよい。	○	優先道路を通行している場合は追い越しができます。→ P.54〜55 No.63
問5	バスの停留所から30メートル以内は、追い越しが禁止されている。	×	設問の場所での追い越しは、禁止されていません。→ P.54〜55 No.63
問6	追い越しを始めるときは、短い距離で済ませるため、できるだけ前車に接近してから進路を変える。	×	前車に追突しないように、安全な車間距離を保ちます。→ P.56 No.64
問7	図の標識は、追い越し禁止を表したものである。	×	道路の右側部分にはみ出して追い越しをしてはいけません。→ P.56 No.65
問8	一方通行の道路から右折するときは、あらかじめ道路の中央に寄り、交差点の中心を徐行しなければならない。	×	一方通行の道路では、あらかじめ道路の右端に寄ります。→ P.57 No.66
問9	図の標識がある交差点で右折するとき、原動機付自転車は二段階の方法をとらなければならない。	○	原動機付自転車は、二段階の方法で右折します。→ P.58 No.67
問10	二段階の方法で右折する原動機付自転車は、交差点の向こう側までまっすぐ進むので、右折の合図をしてはならない。	×	交差点の30メートル手前から右折の合図を行います。→ P.58 No.67

問11 交通整理の行われていない道幅が同じような交差点では、左方の車が右方の車に進路を譲る。

答 ✗ 右方の車が左方の車に進路を譲ります。
→ P.59 **No.68**

問12 交通整理の行われていない道幅の異なる図のような交差点では、原動機付自転車は左方の普通自動車に進路を譲らなければならない。

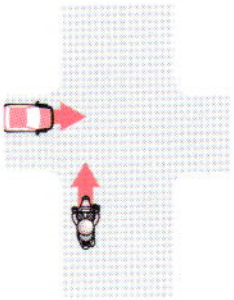

答 ✗ 広い道路を通行する原動機付自転車が優先します。
→ P.59 **No.68**

問13 車が曲がるときは、後輪が前輪より内側を通るので、十分注意しなければならない。

答 ◯ 設問のような内輪差に注意します。
→ P.60 **No.69**

問14 環状交差点を右折しようとするときは、あらかじめできるだけ道路の左端に寄り、環状交差点の側端に沿って徐行しなければならない。

答 ◯ あらかじめできるだけ道路の左端に寄って徐行します。
→ P.61 **No.71**

問15 歩道に図のような黄色の標示のあるところで、荷物をおろすために5分間停止した。

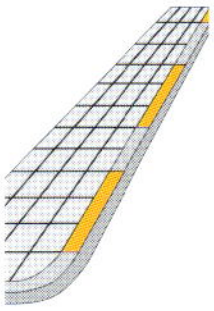

答 ◯ 5分以内の荷物の積みおろしは停車で、駐車禁止場所でも止められます。 → P.62 **No.72**
P.63 **No.73**

問16 人の乗り降りのための停止であれば、5分を超えても駐車にはならない。

答 ◯ 人の乗り降りのための停止は、時間に関係なく停車になります。
→ P.62 **No.72**

問17 道路工事の区域の端から5メートル以内の場所は、駐車は禁止されているが、停車は禁止されていない。

答 ◯ 駐車禁止場所なので、停車は禁止されていません。
→ P.63 **No.73**

問18 横断歩道とその手前5メートル以内の場所は、駐停車をしてはならないが、その向こう側であれば駐停車してよい。

答 ✗ 横断歩道の向こう側5メートル以内も、駐停車できません。
→ P.64〜65 **No.74**

問19 道路に駐車するときは、車の左側に3.5メートル以上の余地をとらなければならない。

答 ✗ 車の右側の道路上に余地をとらなければなりません。
→ P.66 **No.75**

問20 2本の白い実線で区画されている路側帯は、その幅が広い場合であっても、その中に入って駐停車してはならない。

答 ◯ 歩行者用路側帯は、中に入って駐停車できません。
→ P.67 **No.77**

PART **1** 試験に出る **交通ルール**

ステップ **3** 学科試験の重要項目 確認テスト

69

ステップ4 危険な場所・場合の運転
踏切の通行

踏切を通過する方法

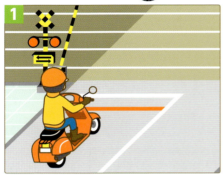

1 停止線があるときは、その手前で<u>一時停止</u>する。

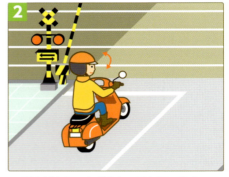

2 列車が来ないかどうか、目と耳で<u>左右の安全</u>を確認する。

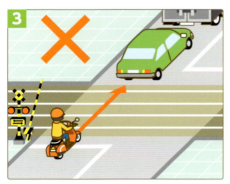

3 踏切の先に自分の車が入る<u>余地</u>があることを確かめ、渋滞などで<u>止まってしまう</u>ような場合は発進してはいけない。

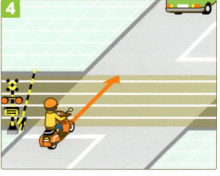

4 <u>安全の確認</u>ができたら、すみやかに発進をする。

ちょっと質問！

踏切に信号機があり、青信号の場合は一時停止しないでいいのですか？

一時停止の必要はありませんが、安全確認はしなければいけません。

No.79 踏切を通過するときの注意点

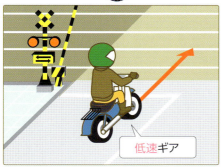

踏切内でのエンストを防止するため、変速しないで発進したときの低速ギアのまま一気に通過する。

左側に落輪しないように、対向車に注意してやや中央寄りを通行する。

信号機があり青信号の場合は、踏切内の安全を確かめ、一時停止せずに通行できる。

警報機が鳴っていたり、遮断機が下りていたり（下り始めている場合も含む）するときは、踏切に入ってはいけない。

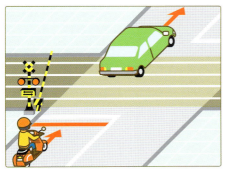

前の車に続いて踏切を通過するときも、一時停止と安全確認をしなければならない。

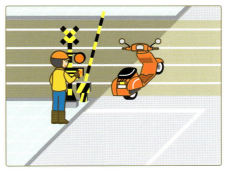

踏切内で故障などにより車が動かなくなったときは、非常ボタン（踏切支障報知装置）などで列車の運転士に知らせる。

ステップ4 危険な場所・場合の運転

坂道・カーブの通行

No.80 坂道を通行するとき

坂道で停止するときは、前車が後退してくるおそれがあるので、車間距離を長めにとる。坂道で発進するときは、後退しないように、ブレーキをしっかりかけ、その後アクセルを多めに回す。

長い下り坂を走行するときは、惰力がついて危険なので、十分速度を落とす。エンジンブレーキを主に使い、前後輪ブレーキは補助的に使用する。

道幅の狭い坂道で対向車と行き違うときは、下りの車が停止するなどして、発進のむずかしい上りの車に道を譲る。

待避所がある場合は、上り下りに関係なく、待避所に近い車が先に入って道を譲る。

どちらが正しい？

狭い坂道での行き違いで先に通れるのは？

A 下り坂の車は加速がつくので先に通れる（上りの車が譲る）

B 上りの車は発進するのがむずかしいので先に通れる（下りの車が譲る）

正しいのは B 。上りの車が優先

No.81 カーブを通行するとき

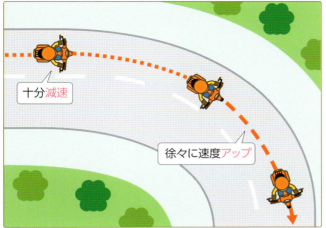

カーブ手前の直線部分で十分減速し(スローイン)、カーブの後半から徐々に速度を上げていく(ファーストアウト)方法で通行する。

コーナーリング中は外側に遠心力が働くため、車体をカーブの内側へ傾ける。

ハンドルを無理に切ろうとしないで、自然に車体を傾ける要領でカーブを曲がる。

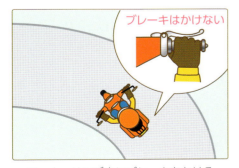

コーナーリング中にブレーキをかけると、タイヤがスリップしたり転倒したりするおそれがあるので、カーブの手前で十分速度を落としておく。

対向車がカーブを曲がり切れずに、中央線をはみ出してくることがある。とくに見通しの悪いカーブでは、対向車の接近が見えにくいので注意する。

ステップ4　危険な場所・場合の運転

夜間・悪天候時の通行

　夜間の運転

夜間、道路を運転するときや、昼間でも50メートル先が見えないようなときは、ライトをつけ（上向きが基本）、速度を落として運転する。

減光または下向き

前車の直後を走るときや対向車がいるときは、他の車の運転者がまぶしくないように、前照灯を減光するか下向きに切り替えて運転する。

ライトは下向き

交通量の多い市街地の道路を通行するときは、前照灯を下向きに切り替えて運転する。

見通しの悪い交差点やカーブでは、ライトを上向きのままにするか点滅させて、自分の車の接近を知らせる。

どちらが正しい？　昼間でも灯火をつけなければならないのはどちらのケース？

A 100メートル先が見えないようなとき

B 50メートル先が見えないようなとき

正しいのは　B 。50メートルが目安

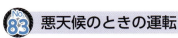

No.83 悪天候のときの運転

雨の日の走行

視界が悪く路面も滑りやすくなるので、速度を落とし、車間距離を長めにとって運転する。

アスファルトの舗装された路面は、雨の降り始めが最も滑りやすいので注意する。

強風下での走行

二輪車のハンドルがとられやすく、車体もふらつきやすくなるので、ニーグリップ（→P.29・No.29）を確実に行い、速度を落として運転する。

霧が発生したときの走行

視界がたいへん悪く人や車の発見が遅れがちになるので、前の車の尾灯などを目安にしてライトを下向きにつけ、必要に応じて警音器を使用する。

雪道の走行

路面がたいへん滑りやすく二輪車の運転はとても危険なので、なるべく運転しないようにする。

やむを得ず運転するときは、脱輪防止のため、他の車のタイヤの通った跡（わだち）を通行する。

ステップ4　危険な場所・場合の運転
交通事故の処置

 交通事故発生時の運転者などの義務

1
事故の続発防止
他の交通の妨げにならないような安全な場所に車を移動してエンジンを切る。

安全な場所

2
負傷者の救護
負傷者がいるときは、ただちに救急車を呼び、止血するなど可能な限り応急救護処置を行う。頭部を負傷している場合は、むやみに動かさない。

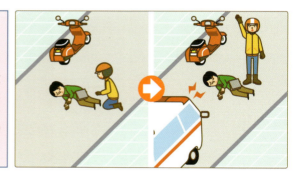

3
警察官への事故報告
事故を起こした状況を警察官に報告する。

No.85 被害者になったとき

交通事故の程度やけがの大小にかかわらず、必ず警察官へ報告する。

頭部に強い衝撃を受けたときは、後遺症が出ることがあるので、外傷がなくても必ず医師の診断を受ける。

No.86 現場に居合わせたとき

負傷者の救護や事故車両の移動などに進んで協力する。

ひき逃げを見かけたときは、その車のナンバーや特徴を110番通報して警察官に届け出る。

負傷者の救護の内容

内容を覚える！

- 救急車を呼ぶ。
- 清潔なハンカチなどで止血する。
- 頭部に傷を受けているときはむやみに動かさない。
- 続発事故のおそれがあるときは、早く救出して安全な場所に移動させる

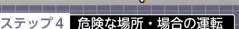

ステップ4　危険な場所・場合の運転
緊急事態のときの措置

 運転中に緊急事態が発生したとき

タイヤがパンクしたとき

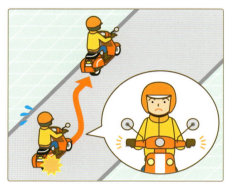

あわてずにハンドルをしっかり握り、ブレーキを断続的にかけて速度を落とし、道路の左側に寄せて止める。

エンジンの回転数が上がったままになったとき

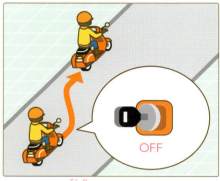

エンジンの点火スイッチを切り、徐々に速度を落とし、道路の左側に寄せて止める。

正面衝突のおそれがあるとき

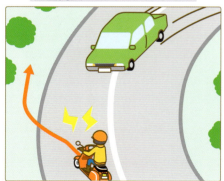

警音器を鳴らすとともに、ブレーキをかけ、速度を落として左側に避ける。道路外が安全な場所であれば、道路外に出て衝突を回避する。

下り坂でブレーキが効かなくなったとき

すばやくギアを低速に入れ（シフトダウン）、エンジンブレーキを活用して速度を落とす。それでも減速しないときは、道路わきの土砂などに突っ込んで車を止める。

78

No.88 大地震が発生したとき

1 ハンドルをしっかり握り、急ブレーキや急ハンドルを避け、できるだけ安全な方法で道路の左側に停止する。

2 携帯電話などで地震情報や交通情報を調べ、周囲の状況に応じて行動する。

3 道路上は緊急自動車などの通行のため駐車せず、なるべく道路外の場所に移動しておく。

4 やむを得ず道路上に車を置いて避難するときは、エンジンを止め、キーは付けたままにするかわかりやすい場所に置き、ハンドルロックはしない。

やむを得ない場合を除き、避難のために車を使用してはいけない。

地震災害に関する警戒宣言が出されたときも、大地震発生時と同様に行動する。

ステップ4 確認テスト ▶▶▶

P.70〜79で学んだ「危険な場所・場合の運転」についてのテストです。○×で答え、間違えたら答のリンクページを見て、確認しておきましょう。

問1 踏切を通過するときは、変速操作をしないで発進したときの低速ギアのまま、一気に通過するのがよい。

答 ○　エンストを防止するため、低速ギアのまま一気に通過します。
➡ P.71 No.79

問2 踏切を通過するときは、歩行者や対向車に注意しながら、できるだけ左端を通行する。

答 ×　落輪防止のため、やや中央寄りを通ります。
➡ P.71 No.79

問3 道幅が狭い坂道での行き違いは、上りの車が下りの車に道を譲るようにする。

答 ×　下りの車が停止するなどして、上りの車に道を譲ります。
➡ P.72 No.80

問4 カーブを通行するときは、カーブ内でブレーキをかけずにすむように、手前の直線部分で十分減速しておく。

答 ○　転倒するなどの危険を避けるため、手前の直線で減速します。
➡ P.73 No.81

問5 夜間、街路灯のある明るい道路を走行するときは、前照灯をつけなくてもよい。

答 ×　夜間は、前照灯をつけて運転しなければなりません。
➡ P.74 No.82

問6 霧の日は、前照灯を早めにつけ、中央線やガードレールや前の車の尾灯を目安に速度を落とし、必要に応じて警音器を使用する。

答 ○　前照灯を早めにつけ、必要に応じて警音器を使用します。
➡ P.75 No.83

問7 交通事故が起きたとき、事故現場は警察官が来るまでそのままにしておかなければならない。

答 ×　二次災害を防止するため車を安全な場所に移動します。
➡ P.76 No.84

問8 交通事故を起こしても、けがが軽く相手と話し合いがつけば、警察官に届け出る必要はない。

答 ×　けがの程度に関係なく、必ず警察官に届け出ます。
➡ P.77 No.85

問9 走行中、エンジンの回転数が上がったままになったときは、まずブレーキを強くかける。

答 ×　エンジンの点火スイッチを切ります。
➡ P.78 No.87

問10 大地震が発生して避難するときは、できるだけ車を利用して、遠くの安全な場所に移動する。

答 ×　やむを得ない場合を除き、車を使用してはいけません。
➡ P.79 No.88

PART 2 実力判定 模擬テスト

試験によく出る問題を厳選

- ▶ 文章問題 正解するための3つのポイント
- ▶ イラスト問題 正解するための2つのポイント
- ▶ 試験によく出る 交通用語と例題
- ▶ 間違いやすい 例外があるルールと例題
- ▶ 覚えておきたい 数字と例題
- ▶ 模擬テスト第1回
- ▶ 模擬テスト第2回
- ▶ 模擬テスト第3回
- ▶ 模擬テスト第4回
- ▶ 模擬テスト第5回
- ▶ 模擬テスト第6回
- ▶ 模擬テスト第7回

文章問題 正解するための**3**つのポイント

ポイント **1** 交通用語を覚えること！

学科問題に出てくる交通用語は、その意味を正しく理解していないと、間違えて解答してしまうケースがよくあります。まずは、単語を覚えるような感覚で、交通用語を正しく覚えましょう。

➡ P.84 ～ 85 参照

例題
道路交通法では、原動機付自転車は自動車に含まれる。

答✕ 原動機付自転車は自動車ではなく、道路交通法上では車に含まれます。

ポイント **2** 原則と例外に注意すること！

交通ルールには、原則と例外がつきものです。原則では正論を述べているものの、例外は逆論を述べているケースが少なくありません。例外のある交通ルールには十分注意しましょう。

➡ P.86 ～ 87 参照

例題
歩行者用道路は、原則として車の通行が禁止されているが、許可を受ければ通行することができる。

答〇 警察署長の許可を受ければ、車も歩行者用道路を通行できます。

ポイント **3** 数字は正しく覚えること！

問題文の中で、数字を問う内容が出てきたら要注意です。こればかりは、覚えていないと解答できません。とくに、速度や大きさ、距離などの数字は、交通ルールごとにまとめて暗記しておきましょう。

➡ P.88 ～ 89 参照

例題
原動機付自転車の荷台には、左右それぞれ 0.3 メートル以下であれば、荷物をはみ出して積んで運転することができる。

答✕ はみ出せるのは、荷台から左右それぞれ 0.15 メートル以下です。

82

イラスト問題 正解するための2つのポイント

ポイント 1 危険を予測した運転がテーマ！

イラストで実際の交通場面を再現し、どんな危険が存在するか、どうすれば安全な運転行動をとれるか、などが問われます。学科問題のように、交通ルールを問う問題ではありません。自分が実際に運転している立場になり、イラストをよく見て解答しましょう。

ポイント 2 こんなところに危険が潜んでいる！

まずはイラストをよく見て、どんな危険があるのかを考えましょう。たとえば、交差点を右折しようとする下図の場合、交差点の左右から接近する車はないか、車のかげに自転車や歩行者はいないか、バックミラーに後続車は映っていないか、などといった着目点はたくさんあります。それから3つの設問を読んで解答しましょう。

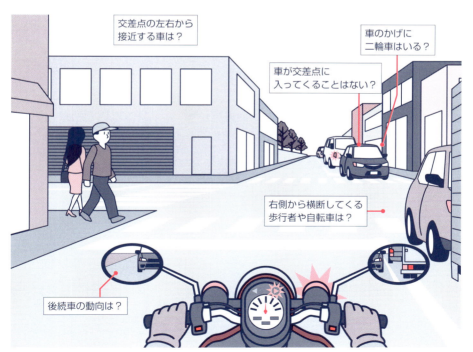

交通用語と例題

交通用語は問題文の内容を理解するうえで重要です。種類ごとに覚えておきましょう。

「車などの種類」に関する用語

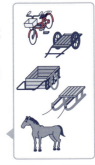

- 車 …… 自動車、原動機付自転車、軽車両。
- 自動車 …… 原動機を用い、レールや架線によらないで運転する車で、原動機付自転車以外のもの。
- 原動機付自転車 …… 総排気量が50cc以下、または定格出力0.6kW以下の二輪車、または総排気量が20cc以下、または定格出力0.25kW以下の三輪以上の車。
- 軽車両 …… 自転車、荷車、リヤカー、そり、牛馬など。
- 路面電車 …… 道路上をレールにより運転する車。

例題
原動機付自転車は車に含まれるが、自動車には含まれない。

答 ○ 原動機付自転車は車に含まれ、自動車ではありません。

「道路の設備や施設など」に関する用語

- 歩道 …… 歩行者の通行のため縁石線、さく、ガードレールなどの工作物によって区分された道路の部分。
- 車道 …… 車の通行のため縁石線、さく、ガードレールなどの工作物によって区分された道路の部分。
- 路肩 …… 車道や歩道などに接続して設けられている路端から0.5メートルの部分。
- 路側帯 …… 歩行者の通行のためや、車道の効用を保つため、歩道のない道路に白線によって区分された道路の端の帯状の部分。
- 交差点 …… 十字路、T字路、その他2つ以上の道路の交わる部分。
- 信号機 …… 道路の交通に関し、電気によって操作された灯火により交通整理などのための信号を表示する装置。
- 停止線 …… 車が停止する場合の位置であることを表す線。

- **車両通行帯**……車が道路の定められた部分を通行するよう標示によって示された道路の部分。「車線」または「レーン」ともいう。
- **優先道路**……「優先道路」の標識のある道路や、交差点の中まで中央線や車両通行帯がある道路。
- **安全地帯**……路面電車に乗り降りする人や道路を横断する歩行者の安全を図るために、道路上に設けられた島状の施設や、標識と標示によって示された道路の部分。
- **軌道敷**……路面電車が通行するために必要な道路の部分で、レールの敷いてある内側部分とその両側 0.61 メートルの範囲。
- **こう配の急な坂**……おおむね 10 %（約 6 度）以上のこう配の坂。

例題
見通しが悪い交差点でも、交差点の中まで中央線がある道路は優先道路である。

答 ○　見通しにかかわらず、交差点内に中央線や車両通行帯がある道路は優先道路です。

「交通ルール」に関する用語

- **駐車**……車が客待ち、荷待ち、5 分を超える荷物の積みおろし、故障、その他の理由により継続的に停止すること。運転者が車から離れていてすぐに運転できない状態で停止すること。
- **停車**……駐車に該当しない車の停止。
- **徐行**……車がすぐに停止できるような速度で進行すること。ブレーキを操作してから停止するまでの距離がおおむね 1 メートル以内の速度で、時速 10 キロメートル以下の速度であるといわれている。
- **追い越し**……車が進路を変えて、進行中の前車の前方に出ること。
- **追い抜き**……車が進路を変えないで、進行中の前車の前方に出ること。

例題
車が進路を変えて、進行中の車の前方に出ることを追い抜きという。

答 ×　進路を変えて、進行中の車の前方に出る行為は追い越しです。

> **間違いやすい**

例外があるルールと例題

交通ルールの多くは、原則と例外があります。例外の内容を理解しておきましょう。

「信号」に関するルールと例外

青色の灯火	原則	車（軽車両を除く）は、<u>直進</u>、<u>左折</u>、<u>右折</u>できる。	
	例外	<u>二段階右折</u>する原動機付自転車と軽車両は右折できない。	
黄色の灯火	原則	車は、<u>停止位置</u>から先に進めない。	
	例外	停止位置で<u>安全に停止できない</u>ときは、そのまま進める。	
赤色の灯火	原則	車は、<u>停止位置</u>を越えて進めない。	
	例外	交差点ですでに<u>左折や右折している</u>場合は、そのまま進める。	
青色の矢印	原則	車（軽車両を除く）は、<u>矢印の方向</u>に進め、<u>転回</u>もできる。	
	例外	右向き矢印の場合、<u>二段階右折</u>する原動機付自転車と軽車両は右折・転回できない。	

> **例題**

前方の信号が黄色に変わったら、<u>交差点の直前</u>であっても交差点に入ってはならない。

答× 停止位置で<u>安全に停止できない</u>場合は、そのまま進むことができます。

86

「通行場所」に関するルールと例外

歩道・路側帯	原則	自動車や原動機付自転車は、通行できない。
	例外	次の場合は、通行できる。 ①道路に面した場所に出入りするため、横切るとき（一時停止が必要）。 ②原動機付自転車のエンジンを止め、降りて押して歩くとき。
軌道敷内	原則	車は、通行できない。
	例外	右折するときや、工事などでやむを得ないときは、通行できる。
歩行者専用道路	原則	車は、通行できない。
	例外	沿道に車庫があるなど、とくに通行を認められた車は通行できる（徐行が必要）。

例題
歩道や路側帯は車の通行が禁止されているが、原動機付自転車のエンジンを止め、降りて押して歩く場合は通行できる。

答 ○ 設問の場合は歩行者として扱われるので歩道や路側帯を通行できます。

「駐車」に関するルールと例外

駐車余地	原則	車の右側の道路上に 3.5 メートル以上の余地がとれない場合は、駐車してはいけない。
	例外	次の場合は、余地がなくても駐車できる。 ①荷物の積みおろしのため、運転者がすぐに運転できるとき。 ②傷病者を救護するため、やむを得ないとき。

例題
道路の右側に 3.5 メートル以上の余地がとれなかったが、道路上に原動機付自転車を止めて人を待った。

答 × 人を待つ目的では、駐車してはいけません。

87

> 覚えておきたい

数字と例題

交通ルールの数字は必ず暗記しましょう。試験によく出る数字を紹介します。

原動機付自転車の乗車・積載制限

1	乗車定員は運転者の1人。
30・120	重量は30キログラム以下（けん引時は120キログラム以下）。
0.3	長さは荷台（積載装置）の長さ＋0.3メートル以下。
0.15	幅は荷台（積載装置）の幅＋左右にそれぞれ0.15メートル以下。
2	高さは地上から2メートル以下。

例題
原動機付自転車に積める荷物の高さは、地上から2メートルまでである。

答 ○　荷物の高さの制限は、地上から2メートル以下です。

法定速度

60	自動車は時速60キロメートル。
30・25	原動機付自転車は時速30キロメートル（けん引時は時速25キロメートル）。

例題
原動機付自転車の法定速度は、リヤカーをけん引している場合でも時速30キロメートルである。

答 ×　けん引時の法定速度は、時速25キロメートルです。

合図の時期

30	右左折、転回は、その行為をしようとする地点から30メートル手前（環状交差点を除く）。
3	進路変更は、進路を変えようとする約3秒前。

例題
交差点を右折するときの合図の時期は、その交差点を右折しようとする約3秒前である。

答 ×　交差点の 30 メートル手前の地点で合図をしなければなりません。

追い越し禁止場所

| 30 | 交差点、踏切、横断歩道、自転車横断帯とその手前から 30 メートル以内。 |

例題
踏切の先 30 メートル以内は、追い越し禁止場所である。

答 ×　踏切とその手前から 30 メートル以内が追い越し禁止場所です。

駐車禁止場所

1	火災報知機から1メートル以内。
3	駐車場や車庫などの自動車用の出入口から3メートル以内。
5	①道路工事の区域の端から5メートル以内。 ②消防用機械器具の置場、消防用防火水槽、これらの道路に接する出入口から5メートル以内。 ③消火栓、指定消防水利の標識が設けられている位置や、消防用防火水槽の取入口から5メートル以内。

例題
火災報知機から3メートルの場所に駐車した。

答 ○　火災報知機から 1 メートル以内が駐車禁止場所です。

駐停車禁止場所

5	①交差点とその端から5メートル以内。 ②道路の曲がり角から5メートル以内。 ③横断歩道や自転車横断帯とその端から前後5メートル以内。
10	①踏切とその端から前後 10 メートル以内。 ②安全地帯の左側とその前後 10 メートル以内。 ③バスや路面電車の停留所の標示板（柱）から 10 メートル以内（運行時間中のみ）。

模擬テスト 第1回

それぞれの問題について、正しいものには「○」、誤っているものには「×」で答えなさい。

本試験制限時間：**30**分　合格点：**45**点以上

問 1　雨が降っているときや夜間は視界が悪いので、前車が見えるように、できるだけ接近して運転する。

問 2　エンジンの総排気量が50ccを超え、400cc以下の二輪の自動車を、「普通自動二輪車」という。

問 3　交通事故により負傷者が頭部に傷を受けている場合は、むやみに動かさないほうがよい。

問 4（難問）　安全地帯に人がいない場合に、その側方を通過するときは、徐行しなくてもよい。

問 5　図の手による合図は、転回することを表す。

問 6　原動機付自転車を押して歩くときは歩行者として扱われるので、エンジンをかけたまま歩道を押して歩いた。

問 7　渋滞しているときは、横断歩道や自転車横断帯の中に入って停止してもやむを得ない。

問 8（難問）　前方の信号が青色の灯火のとき、原動機付自転車はすべての交差点で直進、左折、右折をすることができる。

問 9　免許を持たない人や酒気を帯びた人に、自動車や原動機付自転車の運転を頼んではいけない。

問 10　図の標識のある道路は、原動機付自転車も自動二輪車も通行することができない。

PART
2

実力判定 **模擬テスト**

第1回

■ を当てながら解いていこう。間違えたらポイントを再チェック！ 解説文もしっかり確認！

| 正解 | ポイント解説 | 配点 問1〜46 各1点／問47・48 各2点（3問とも正解の場合） |

問1 ✕

雨が降っているときや夜間は視界が悪いので、前車が見えるように、できるだけ接近して運転する。危険

P.75
⊕ No.83

解説 衝突しないように、車間距離を十分あけて走行します。

問2 ◯

エンジンの総排気量が50ccを超え、400cc以下の二輪の自動車を、「普通自動二輪車」という。正しい

P.11
⊕ No.6

解説 普通自動二輪車は設問のとおりで、50cc以下が原動機付自転車です。

問3 ◯

交通事故により負傷者が頭部に傷を受けている場合は、むやみに動かさないほうがよい。危険

P.76
⊕ No.84

解説 頭部を負傷している場合は、むやみに動かすと危険です。

問4 ◯

安全地帯に人がいない場合に、その側方を通過するときは、徐行しなくてもよい。そのまま通れる

P.38
⊕ No.40

解説 徐行が必要なのは、安全地帯に人がいる場合です。

問5 ✕

図の手による合図は、転回することを表す。後退

P.47
⊕ No.56

解説 転回の合図は、右腕を車の外に出して水平に伸ばします。

問6 ✕

原動機付自転車を押して歩くときは歩行者として扱われるので、エンジンをかけたまま歩道を押して歩いた。違反

P.40
⊕ No.43

解説 エンジンを止めて押して歩かなければ、歩行者として扱われません。

問7 ✕

渋滞しているときは、横断歩道や自転車横断帯の中に入って停止してもやむを得ない。停止できない

P.35
⊕ No.33

解説 歩行者や自転車の通行を考え、あけておかなければなりません。

問8 ✕

前方の信号が青色の灯火のとき、原動機付自転車はすべての交差点で直進、左折、右折をすることができる。すべてではない

P.12
⊕ No.7

解説 二段階の方法で右折する交差点では、原動機付自転車は右折できません。

問9 ◯

免許を持たない人や酒気を帯びた人に、自動車や原動機付自転車の運転を頼んではいけない。頼むと違反

P.9
⊕ No.3

解説 運転した本人だけでなく、運転をすすめた人にも責任を問われます。

問10 ◯

図の標識のある道路は、原動機付自転車も自動二輪車も通行することができない。通行禁止

巻末
道路標識・標示一覧表

解説 図は「二輪の自動車、原動機付自転車通行止め」を表します。

91

問 11 右折車が交差点に先に入っていれば、対向する直進車や左折車よりも優先して右折することができる。

問 12 踏切にある信号が青色の灯火のときは、踏切の手前で一時停止する必要はないが、安全を確かめてから通過しなければならない。

問 13 二輪車は、路面などの前方の近いところに視線が向けられ、四輪車に比べて左右方向や遠くの情報のとり方が少ない傾向がある。

問 14 〔難問〕 「警笛区間(けいてき)」の標識のある区間外であっても、見通しの悪い交差点では、警音器(けいおんき)を鳴らさなければならない。

問 15 図の標示は、「普通自転車歩道通行可」であることを表している。

歩 道

問 16 道路の端から発進する場合は、後方から車が来ないことを確かめれば、とくに合図をする必要はない。

問 17 二輪車はバランスをとることが大切なので、足先を外側に向け、両ひざはできるだけ開いて運転するとよい。

問 18 交通事故を起こしたときは、原因はともかく、まず車を止めて、事故の続発(ぞくはつ)を防ぐための措置(そち)や、負傷者の救護をしなければならない。

問 19 トンネルの中であっても、車両通行帯があるときは、駐車や停車をすることができる。

問 20 ビールを飲んだが、近くに急用ができたので、原動機付自転車を運転した。

問 21 〔難問〕 交差点で警察官が「止まれ」の手信号をしていたので、警察官の1メートル手前で停止した。

| 問11 | ✕ | 右折車が交差点に先に入っていれば、対向する直進車や左折車よりも優先して右折することができる。できない | P.60 No.69 |

解説 右折車は、直進車や左折車の進行を妨げてはいけません。

| 問12 | ◯ | 踏切にある信号が青色の灯火のときは、踏切の手前で一時停止する必要はないが、安全を確かめてから通過しなければならない。そのまま進める | P.71 No.79 |

解説 青信号のときは、踏切の手前で一時停止する必要はありません。

| 問13 | ◯ | 二輪車は、路面などの前方の近いところに視線が向けられ、四輪車に比べて左右方向や遠くの情報のとり方が少ない傾向がある。正しい内容 | ここで覚える！ |

解説 二輪車は四輪車より情報が少なくなる傾向があります。

| 問14 | ✕ | 「警笛区間」の標識のある区間外であっても、見通しの悪い交差点では、警音器を鳴らさなければならない。規制の範囲外 | P.46 No.55 |

解説 警笛区間外の見通しの悪い交差点では、警音器を鳴らす必要はありません。

| 問15 | ◯ | 図の標示は、「普通自転車歩道通行可」であることを表している。正式名称 | 巻末 道路標識・標示一覧表 |

解説 普通自転車が歩道を通行することができることを表しています。

| 問16 | ✕ | 道路の端から発進する場合は、後方から車が来ないことを確かめれば、とくに合図をする必要はない。ある | ここで覚える！ |

解説 右へ進路を変える場合と同じであり、右合図が必要です。

| 問17 | ✕ | 二輪車はバランスをとることが大切なので、足先を外側に向け、両ひざはできるだけ開いて運転するとよい。不安定 前方 | P.29 No.29 |

解説 足先を前方に向け、両ひざでタンクを締めるようにして運転します。

| 問18 | ◯ | 交通事故を起こしたときは、原因はともかく、まず車を止めて、事故の続発を防ぐための措置や、負傷者の救護をしなければならない。 | P.76 No.84 |

解説 事故の続発を防止し、負傷者を救護してから警察官へ報告します。運転者の義務

| 問19 | ✕ | トンネルの中であっても、車両通行帯があるときは、駐車や停車をすることができる。してはいけない | P.64〜65 No.74 |

解説 車両通行帯の有無に関係なく、トンネル内での駐停車は禁止されています。

| 問20 | ✕ | ビールを飲んだが、近くに急用ができたので、原動機付自転車を運転した。違反 | P.9 No.3 |

解説 原動機付自転車でも、酒を飲んだら運転してはいけません。

| 問21 | ✕ | 交差点で警察官が「止まれ」の手信号をしていたので、警察官の1メートル手前で停止した。誤り | P.15 No.10 |

解説 設問の場合は、交差点の直前で停止します。

93

問22 図の標識のある区間内の見通しのきかない交差点、道路の曲がり角、上り坂の頂上を通行するときは、警音器を鳴らさなければならない。

問23 二輪車のチェーンは、中央部を指で押したとき、ゆるみがなくピーンと張っているのがよい。

問24 横断歩道とその手前5メートル以内は駐停車が禁止されているが、向こう側の5メートル以内での駐停車は禁止されていない。

問25 睡眠作用のある薬を服用したときは、車の運転を控えたほうがよい。

難問 問26 交差点付近で緊急自動車が接近してきたが、青信号だったので、そのまま進行した。

問27 げたやサンダルをはいて二輪車を運転するのは、避けるべきである。

難問 問28 身体障害者用の車いすで通行している人は、歩行者に含まれない。

問29 図の信号のある交差点では、車は右折できるが、転回はできない（軽車両と二段階の方法で右折する原動機付自転車は除く）。

問30 踏切の手前30メートル以内は追い越し禁止場所であるが、踏切の向こう側では追い越しをしてもよい。

問31 二輪車でカーブを走行するとき、クラッチを切ったり、ギアをニュートラルに変えたりするのは危険である。

問32 右折や左折するときの合図の時期は、ハンドルを切り始めるのと同時がよい。

PART 2 実力判定 **模擬テスト**

第1回

問22 ◯

図の標識のある区間内の見通しのきかない交差点、道路の曲がり角、上り坂の頂上を通行するときは、警音器を鳴らさなければならない。鳴らすのが義務

P.46
⊕ No.55

解説 警笛区間内の設問の場所では、警音器を鳴らさなければなりません。

問23 ✕

二輪車のチェーンは、中央部を指で押したとき、ゆるみがなくピーンと張っているのがよい。切れるおそれあり

P.23
⊕ No.21

解説 二輪車のチェーンは、適度なゆるみが必要です。

問24 ✕

横断歩道とその手前5メートル以内は駐停車が禁止されているが、向こう側の5メートル以内での駐停車は禁止されていない。いる

P.64～65
⊕ No.74

解説 横断歩道などの向こう側5メートル以内も駐停車禁止です。

問25 ◯

睡眠作用のある薬を服用したときは、車の運転を控えたほうがよい。安全のため

P.9
⊕ No.3

解説 運転中に眠けをもよおすと危険なので、運転を控えます。

問26 ✕

交差点付近で緊急自動車が接近してきたが、青信号だったので、そのまま進行した。進めない

P.36
⊕ No.35

解説 青信号でも、交差点を避け、左側に寄って一時停止しなければなりません。

問27 ◯

げたやサンダルをはいて二輪車を運転するのは、避けるべきである。危険

P.28
⊕ No.28

解説 げたやサンダルなどは安全運転の妨げになります。

問28 ✕

身体障害者用の車いすで通行している人は、歩行者に含まれない。含まれる

P.40
⊕ No.43

解説 身体障害者用の車いすの人は保護が必要なので、歩行者に含まれます。

問29 ✕

図の信号のある交差点では、車は右折できるが、転回はできない（軽車両と二段階の方法で右折する原動機付自転車は除く）。できる

P.13
⊕ No.7

解説 軽車両と二段階右折の原動機付自転車を除き、車は右折と転回ができます。

問30 ◯

踏切の手前30メートル以内は追い越し禁止場所であるが、踏切の向こう側では追い越しをしてもよい。規制の範囲外

P.54～55
⊕ No.63

解説 踏切とその手前30メートル以内が追い越し禁止場所です。

問31 ◯

二輪車でカーブを走行するとき、クラッチを切ったり、ギアをニュートラルに変えたりするのは危険である。不安定

ここで
覚える！

解説 カーブでは、クラッチをつないだままギアを低速に入れて通行します。

問32 ✕

右折や左折するときの合図の時期は、ハンドルを切り始めるのと同時がよい。誤り

P.47
⊕ No.56

解説 右折や左折をしようとする地点から30メートル手前で合図をします。

95

問33 自分が車の運転をしていなければ、運転者に共同危険行為などの違反をあおっても、免許の取り消しにはならない。

問34 車が進路を変えずに進行中の前車の前に出る行為は、追い越しではなく追い抜きになる。

問35 図の標示は安全地帯で、この中に車を乗り入れてはいけないことを表している。

問36 見通しがよく踏切警手のいる踏切では、安全が確認できれば徐行して通過することができる。

問37 原動機付自転車に荷物を積むときは、荷台から後方に0.3メートルまではみ出すことができる。

問38 警察官が交差点内で灯火を頭上に上げているときは、どの方向の交通もすべて信号機の赤色の灯火信号と同じである。

問39 原動機付自転車を運転するときは、工事用安全帽であっても、必ずかぶらなければならない。

問40 どんな自動車保険であっても、その加入はあくまで運転者の任意である。

問41 難問 車を運転中、右に進路を変えるときは、進路を変えようとする地点から30メートル手前で合図をしなければならない。

問42 車を運転中、図の標識を通り過ぎたところでUターンをした。

問43 難問 見通しの悪い交差点であっても、優先道路を走行しているときは、徐行しなくてもよい。

問 33 ✕

自分が車の運転をしていなければ、運転者に共同危険行為などの違反をあおっても、免許の取り消しにはならない。なる場合がある

解説 運転をしていなくても、免許の取り消しになる場合があります。

ここで
覚える！

問 34 ○

車が進路を変えずに進行中の前車の前に出る行為は、追い越しではなく追い抜きになる。正しい用語

解説 進路を変えるのが追い越し、進路を変えないのが追い抜きです。

P.52
⊕No.60

問 35 ○

図の標示は安全地帯で、この中に車を乗り入れてはいけないことを表している。乗り入れ禁止

解説 安全地帯は歩行者のための場所なので、車を乗り入れてはいけません。

巻末
道路標識・標示一覧表

問 36 ✕

見通しがよく踏切警手のいる踏切では、安全が確認できれば徐行して通過することができる。できない

解説 踏切警手がいても、踏切の直前で一時停止して安全確認が必要です。

P.70
⊕No.78

問 37 ○

原動機付自転車に荷物を積むときは、荷台から後方に 0.3 メートルまではみ出すことができる。正しい数字

解説 荷物は、荷台から後方に 0.3 メートルまではみ出せます。

P.24
⊕No.23

問 38 ✕

警察官が交差点内で灯火を頭上に上げているときは、どの方向の交通もすべて信号機の赤色の灯火信号と同じである。対面だけ赤

解説 対面する交通は赤色の灯火信号、平行する交通は黄色の灯火信号と同じ意味です。

P.14
⊕No.8

問 39 ✕

原動機付自転車を運転するときは、工事用安全帽であっても、必ずかぶらなければならない。不適切

解説 工事用安全帽ではなく、乗車用ヘルメットをかぶります。

P.28
⊕No.28

問 40 ✕

どんな自動車保険であっても、その加入はあくまで運転者の任意である。義務のものもある

解説 自賠責保険や責任共済は強制保険なので、必ず加入しなければなりません。

P.8
⊕No.2

問 41 ✕

車を運転中、右に進路を変えるときは、進路を変えようとする地点から 30 メートル手前で合図をしなければならない。誤った方法

解説 進路変更の合図は、進路を変えようとするときの約3秒前に行います。

P.47
⊕No.56

問 42 ○

車を運転中、図の標識を通り過ぎたところでUターンをした。規制の範囲外

解説 図の標識は「転回禁止区間の終わり」を表し、その先では転回できます。

巻末
道路標識・標示一覧表

問 43 ○

見通しの悪い交差点であっても、優先道路を走行しているときは、徐行しなくてもよい。規制の対象外

解説 見通しの悪い交差点は徐行場所ですが、優先道路を走行しているときは例外です。

P.43
⊕No.49

問44 エンジンブレーキは、高速ギアよりも低速ギアのほうが効きがよい。

問45 交通量の多い道路では、割り込まれないように前車との距離をなるべく少なくする。

問46 夜間、横断歩道に近づいたとき、ライトの光で歩行者が見えないときは、横断する人がいないことが明らかなのでそのまま進行した。

問47 時速20キロメートルで進行しています。どのようなことに注意して運転しますか？

（1）歩行者がバスのすぐ前を横断するかもしれないので、いつでも止まれるような速度に落として、バスの側方を進行する。

（2）対向車があるかどうかが、バスのかげでよくわからないので、前方の安全をよく確かめてから、中央線を越えて進行する。

（3）バスを降りた人がバスの前を横断するかもしれないので、警音器を鳴らし、いつでもハンドルを右に切れるようにして進行する。

問48 時速20キロメートルで進行しています。交差点を直進するときは、どのようなことに注意して運転しますか？

（1）前方に右折車がいて進行の妨げになるので、進路を左側にとりそのままの速度で進行する。

（2）車のかげに対向する右折車がいて、横断歩道の直前で停止するかもしれないので、急激に速度を落として進行する。

（3）急激に速度を落とすと、後続車に追突されるおそれがあるので、ブレーキを数回に分けてかけ、後続車に注意を促して減速する。

問44 エンジンブレーキは、高速ギアよりも低速ギアのほうが効きがよい。正しい

P.45
◎No.52

解説　エンジンブレーキは、低速ギアになるほど効きがよくなります。

問45 交通量の多い道路では、割り込まれないように前車との距離をなるべく少なくする。危険

ここで覚える！

解説　十分な車間距離をとらないと、衝突する危険が高まります。

問46 夜間、横断歩道に近づいたとき、ライトの光で歩行者が見えないときは、横断する人がいないことが明らかなのでそのまま進行した。

ここで覚える！

解説　ライトで見える範囲外に人がいるおそれがあるので、速度を落とします。危険

問47
(1) 歩行者がバスのすぐ前を横断するかもしれないので、いつでも止まれるような速度に落として、バスの側方を進行する。
安全な行為

解説　速度を落とし、急な飛び出しに備えます。

(2) 対向車があるかどうかが、バスのかげでよくわからないので、前方の安全をよく確かめてから、中央線を越えて進行する。
安全な行為

解説　前方の安全をよく確かめて進行します。

(3) バスを降りた人がバスの前を横断するかもしれないので、警音器を鳴らし、いつでもハンドルを右に切れるように注意して進行する。
不適切な行為

解説　警音器は鳴らさず、速度を落として進行します。

問48
(1) 前方に右折車がいて進行の妨げになるので、進路を左側にとりそのままの速度で進行する。
危険な行為

解説　対向する車は自車に気づかず右折し、衝突するおそれがあります。

(2) 車のかげに対向する右折車がいて、横断歩道の直前で停止するかもしれないので、急激に速度を落として進行する。
危険な行為

解説　急激に速度を落とすと後続車に追突されるおそれがあります。

(3) 急激に速度を落とすと後続車に追突されるおそれがあるので、ブレーキを数回に分けてかけ、後続車に注意を促して減速する。
安全な行為

解説　急ブレーキをかけると、後続車に追突されるおそれがあります。

99

模擬テスト 第2回

それぞれの問題について、正しいものには「○」、誤っているものには「×」で答えなさい。

本試験制限時間：**30**分　合格点：**45**点以上

問 1　信号機のある踏切で青色の灯火信号のとき、車は停止することなく通過することができる。

問 2　カーブの半径が大きいほど、遠心力は大きくなる。

問 3　運転中に大地震が発生して車を駐車するときは、できるだけ道路外に停止させる。

問 4（難問）　安全地帯の左側とその側端から前後10メートル以内の場所は、人の乗り降りの場合であっても、車を止めてはならない。

問 5　図の標示のあるところでは、車は矢印のように進路を変更してはならない。

問 6　交差点で右折する場合、右折車が直進車より先に交差点に入っているときは、直進車より先に右折することができる。

問 7　徐行しようとするときと、停止しようとするときの手による合図の方法は同じである。

問 8　対向車によってできる死角は、対向車が接近するほど大きくなる。

問 9　図の手による合図は、右折または右に進路変更することを表す。

問 10（難問）　夜間、警察官が交差点で南北の方向に灯火を振っているとき、東西の方向に走行する車は、直進、右折、左折することができる。

100

■ を当てながら解いていこう。間違えたらポイントを再チェック！　解説文もしっかり確認！

PART 2
実力判定 **模擬テスト**

| 正解 | ポイント解説 | 配点　問1〜46　各1点／問47・48　各2点（3問とも正解の場合） |

第2回

問1 ○

信号機のある踏切で青色の灯火信号のとき、車は停止することなく
通過することができる。　そのまま進める

解説　踏切用の信号が青色のときは、信号に従って通過できます。

P.71
◎No.79

問2 ✕

カーブの半径が大きいほど、遠心力は大きくなる。　小さく

解説　遠心力は、カーブの半径が小さいほど大きくなります。

P.27
◎No.27

問3 ○

運転中に大地震が発生して車を駐車するときは、できるだけ道路外
に停止させる。　じゃまにならない

解説　緊急車両の通行の妨げにならないように、できるだけ道路外に停止させます。

P.79
◎No.88

問4 ○

安全地帯の左側とその側端から前後10メートル以内の場所は、人
の乗り降りの場合であっても、車を止めてはならない。　違反

解説　設問の場所は駐停車禁止なので、人の乗り降りの停車もできません。

P.64〜65
◎No.74

問5 ✕

図の標示のあるところでは、車は矢印のように進
路を変更してはならない。
変更可能

解説　黄色の線が引かれた側からはできませんが、矢印のような進路変更はできます。

P.50
◎No.57

問6 ✕

交差点で右折する場合、右折車が直進車より先に交差点に入ってい
るときは、直進車より先に右折することができる。できない

解説　右折車が先に交差点に入っていても、直進車の進行を妨げてはいけません。

P.60
◎No.69

問7 ○

徐行しようとするときと、停止しようとするときの手による合図の
方法は同じである。徐行の合図＝停止の合図

解説　徐行と停止は、ともに腕を斜め下に伸ばす合図をします。

P.47
◎No.56

問8 ○

対向車によってできる死角は、対向車が接近するほど大きくなる。
正しい

解説　対向車が接近するほどその後ろは見えなくなり、死角が大きくなります。

ここで
覚える！

問9 ✕

図の手による合図は、右折または右に進路変更す
ることを表す。　誤り

解説　図は、左折または左に進路変更するときの合図です。

P.47
◎No.56

問10 ✕

夜間、警察官が交差点で南北の方向に灯火を振っているとき、東西
の方向に走行する車は、直進、右折、左折することができる。できない

解説　警察官に対面する方向なので赤色の灯火信号と同じ意味で、車は進めません。

P.14
◎No.8

101

難問 **問 11** 交差点またはその付近以外のところで緊急自動車が接近してきたときは、道路の左側に寄って一時停止しなければならない。

問 12 踏切とその端から前後 10 メートル以内は駐停車禁止であるが、人の乗り降りのためであれば停止することができる。

問 13 二輪車のブレーキは、ハンドルを切らない状態で身体をまっすぐにして、前後輪ブレーキを同時にかける。

問 14 「聴覚障害者標識」を付けて走行している車を、追い越してはならない。

問 15 図の標示は、普通自転車が黄色の標示を越えて交差点に進入してはいけないことを表している。

問 16 道路外に出るために右折や左折をするときの合図の時期は、その行為をしようとする地点の 30 メートル手前に達したときである。

難問 **問 17** 二輪車を運転中、スロットルグリップのワイヤーが引っかかり、エンジンの回転数が上がったままになったときは、ただちに点火スイッチを切る。

問 18 交通事故を起こしたとき、示談にすれば警察官に届けなくてもよい。

問 19 バス停の標示板（柱）から 10 メートル以内の場所は、バスの運行時間中に限り、駐停車することができない。

問 20 安全運転の大切なポイントは、自分の性格やくせを知り、それをカバーする運転をすることである。

問 21 青色の灯火信号で交差点に進入し、すでに左折している原動機付自転車は、左折方向が赤信号でも、そのまま進むことができる。

問11 ✕	交差点またはその付近以外のところで緊急自動車が接近してきたときは、道路の左側に寄って一時停止しなければならない。誤り	P.36 ◎No.35
	解説　必ずしも一時停止の必要はなく、道路の左側に寄って進路を譲ります。	

問12 ✕	踏切とその端から前後10メートル以内は駐停車禁止であるが、人の乗り降りのためであれば停止することができる。できない	P.64〜65 ◎No.74
	解説　設問の場所では、人の乗り降りのための停車もできません。	

問13 ○	二輪車のブレーキは、ハンドルを切らない状態で身体をまっすぐにして、前後輪ブレーキを同時にかける。正しい方法	P.45 ◎No.53
	解説　二輪車は、安定した状態で、前後輪ブレーキを同時にかけるのが基本です。	

問14 ✕	「聴覚障害者標識」を付けて走行している車を、追い越してはならない。追い越し可	P.41 ◎No.45
	解説　割り込みや幅寄せは禁止されていますが、追い越しはとくに禁止されていません。	

問15 ○	図の標示は、普通自転車が黄色の標示を越えて交差点に進入してはいけないことを表している。正しい意味	巻末 道路標識・標示一覧表
	解説　図の標示は、「普通自転車の交差点進入禁止」です。	

問16 ○	道路外に出るために右折や左折をするときの合図の時期は、その行為をしようとする地点の30メートル手前に達したときである。正しい方法	P.47 ◎No.56
	解説　右左折の合図は、その行為をしようとする地点の30メートル手前から行います。	

問17 ○	二輪車を運転中、スロットルグリップのワイヤーが引っかかり、エンジンの回転数が上がったままになったときは、ただちに点火スイッチを切る。正しい措置	P.78 ◎No.87
	解説　ただちに点火スイッチを切って、エンジンの回転を止めます。	

問18 ✕	交通事故を起こしたとき、示談にすれば警察官に届けなくてもよい。届け出が必要	P.76 ◎No.84
	解説　交通事故を起こしたときは、必ず警察官に届けなければなりません。	

問19 ○	バス停の標示板（柱）から10メートル以内の場所は、バスの運行時間中に限り、駐停車することができない。正しい意味	P.64〜65 ◎No.74
	解説　設問の場所は、バスの運行時間中だけ駐停車をしてはいけません。	

問20 ○	安全運転の大切なポイントは、自分の性格やくせを知り、それをカバーする運転をすることである。正しい説明	ここで 覚える！
	解説　自分の性格やくせをカバーして、安全運転に努めます。	

問21	青色の灯火信号で交差点に進入し、すでに左折している原動機付自転車は、左折方向が赤信号でも、そのまま進むことができる。正しい方法	ここで 覚える！
	解説　すでに左折している場合は、左折方向の信号が赤色でも、そのまま進行できます。	

問 22

図の標識は「一方通行」を表し、車は矢印の示す
方向の反対方向へは通行することができない。

問 23

二輪車のタイヤの点検は、空気圧、亀裂やすり減り、溝の深さに不
足がないかなどについて行う。

難問

問 24

横断歩道や自転車横断帯は、その中と前後30メートル以内が追い
越し禁止である。

問 25

制動距離や遠心力は、いずれも速度が2倍になれば、それぞれほぼ
4倍になる。

問 26

原動機付自転車を運転するときのヘルメットは、工事用安全帽でも
かまわない。

問 27

二輪車はその特性上、速度が下がるほど安定性が悪くなるので、雪
道などでの運転はなるべく避けたほうがよい。

問 28

進路を変える、変えないにかかわらず、進行中の前車の前方に出る
ことを追い抜きという。

問 29

図の信号のある交差点では、車や路面電車は、停
止位置を越えて進んではならない。

問 30

同一方向に2つの車両通行帯があるとき、車は原則として左側の通
行帯を通行する。

難問

問 31

二輪車でツーリングするときは、初心者や未経験者はグループの先
頭に配置したほうがよい。

問 32

濡れた路面を走るときや、タイヤがすり減っているときは、路面と
タイヤの摩擦抵抗が小さくなり、停止距離は長くなる。

問22 ⭕

図の標識は「一方通行」を表し、車は矢印の示す方向の反対方向へは通行することができない。正しい意味

> 巻末
> 道路標識・標示一覧表

解説 「一方通行」の標識がある道路は、矢印の示す方向しか進めません。

問23 ⭕

二輪車のタイヤの点検は、空気圧、亀裂やすり減り、溝の深さに不足がないかなどについて行う。正しい

> P.23
> ⊛No.21

解説 タイヤは、空気圧や亀裂、溝の深さなどの点検をしてから運転します。

問24 ❌

横断歩道や自転車横断帯は、その中と前後30メートル以内が追い越し禁止である。前だけ

> P.54～55
> ⊛No.63

解説 横断歩道や自転車横断帯とその手前から30メートル以内が追い越し禁止です。

問25 ⭕

制動距離や遠心力は、いずれも速度が2倍になれば、それぞれほぼ4倍になる。正しい数字

> P.27
> ⊛No.27

解説 制動距離や遠心力は、いずれも速度の二乗に比例します。

問26 ❌

原動機付自転車を運転するときのヘルメットは、工事用安全帽でもかまわない。不適切

> P.28
> ⊛No.28

解説 工事用安全帽は、二輪車の乗車用ヘルメットではないので使用してはいけません。

問27 ⭕

二輪車はその特性上、速度が下がるほど安定性が悪くなるので、雪道などでの運転はなるべく避けたほうがよい。危険

> P.75
> ⊛No.83

解説 雪道での運転は危険を伴うので、なるべく避けるようにします。

問28 ❌

進路を変える、変えないにかかわらず、進行中の前車の前方に出ることを追い抜きという。変えるのは追い越し

> P.52
> ⊛No.60

解説 追い抜きは、車が進路を変えずに進行中の前車の前方に出ることです。

問29 ⭕

図の信号のある交差点では、車や路面電車は、停止位置を越えて進んではならない。正しい方法

> P.12
> ⊛No.7

解説 赤色の灯火信号では、車や路面電車は停止位置を越えて進めません。

問30 ⭕

同一方向に2つの車両通行帯があるとき、車は原則として左側の通行帯を通行する。正しい方法

> P.32
> ⊛No.30

解説 右側の車両通行帯は追い越しなどのためにあけておきます。

問31 ❌

二輪車でツーリングするときは、初心者や未経験者はグループの先頭に配置したほうがよい。不適切

> ここで
> 覚える！

解説 ベテランを先頭と最後尾に配置し、初心者や未経験者はグループの間に配置します。

問32 ⭕

濡れた路面を走るときや、タイヤがすり減っているときは、路面とタイヤの摩擦抵抗が小さくなり、停止距離は長くなる。正しい現象

> P.27
> ⊛No.27

解説 設問の場合は、路面とタイヤの摩擦抵抗が小さくなり、停止距離は長くなります。

問33 車から紙くず、空き缶などを投げ捨てたり、身体や物を車の外に出したりして運転してはならない。

問34 車は、道路の状態や他の交通に関係なく、道路の中央から右の部分にはみ出して通行してはならない。

問35 図の標示は「左折の方法」を表し、車は矢印に従い、左折後に通行する車両通行帯に入ることを示している。

問36 深い水たまりを通ると、ブレーキに水が入り、一時的にブレーキの効きがよくなる。

難問 問37 原動機付自転車に積載できる荷物の高さは、荷台から2メートルまでである。

問38 交差点で交通巡視員が灯火を頭上に上げているとき、その交通巡視員の正面に対面する交通は、赤信号と同じと考えてよい。

問39 原動機付自転車を運転するときは、手首を下げ、ハンドルを前に押すような気持ちでグリップを握るとよい。

問40 原動機付自転車は自動車ではないので、自動車損害賠償責任保険や責任共済に加入しなくてもよい。

難問 問41 原動機付自転車で路線バス等優先通行帯を通行中、後方から通園バスが近づいてきたが、路線バスではないので進路を譲らずに進んだ。

難問 問42 図の標識は、「追越し禁止」を表している。

問43 原動機付自転車で右折するために進路を変えるとき、幅の広い道路では、左側の車線から急に右折の車線に移動するのは危険である。

問	問題	解説	参照
問33 ○	車から紙くず、空き缶などを投げ捨てたり、身体や物を車の外に出したりして運転してはならない。　してはいけない	設問のような行為は、迷惑であり危険でもあるので禁止されています。	ここで覚える！
問34 ×	車は、道路の状態や他の交通に関係なく、道路の中央から右の部分にはみ出して通行してはならない。　例外あり	左側部分を通行できないときなどは、右側部分にはみ出して通行できます。	P.33 No.31
問35 ○	図の標示は「左折の方法」を表し、車は矢印に従い、左折後に通行する車両通行帯に入ることを示している。　正しい意味	図は「左折の方法」の標示で、車は矢印に従って進行します。	巻末 道路標識・標示一覧表
問36 ×	深い水たまりを通ると、ブレーキに水が入り、一時的にブレーキの効きがよくなる。　悪く	ブレーキに水が入ると、一時的にブレーキが効かなくなることがあります。	ここで覚える！
問37 ×	原動機付自転車に積載できる荷物の高さは、荷台から2メートルまでである。　地上	荷物の高さは、荷台からではなく、地上から2メートルまでです。	P.24 No.23
問38 ○	交差点で交通巡視員が灯火を頭上に上げているとき、その交通巡視員の正面に対面する交通は、赤信号と同じと考えてよい。　正しい意味	交通巡視員の正面に対面する方向の交通は、赤色の灯火信号と同じ意味を表します。	P.14 No.8
問39 ○	原動機付自転車を運転するときは、手首を下げ、ハンドルを前に押すような気持ちでグリップを握るとよい。　正しい方法	原動機付自転車のグリップは、設問のように握ります。	P.29 No.29
問40 ×	原動機付自転車は自動車ではないので、自動車損害賠償責任保険や責任共済に加入しなくてもよい。　加入義務	原動機付自転車でも、設問の強制保険には加入しなければなりません。	P.8 No.2
問41 ×	原動機付自転車で路線バス等優先通行帯を通行中、後方から通園バスが近づいてきたが、路線バスではないので進路を譲らずに進んだ。　譲る	通園バスは「路線バス等」に含まれるので、左側に寄って進路を譲ります。	P.37 No.36・38
問42 ×	図の標識は、「追越し禁止」を表している。　誤り	図の標識は、「追越しのための右側部分はみ出し通行禁止」を表します。	P.56 No.65
問43 ○	原動機付自転車で右折するために進路を変えるとき、幅の広い道路では、左側の車線から急に右折の車線に移動するのは危険である。　危険行為	急な進路変更は危険なので、してはいけません。	P.50 No.57

問44 霧が発生したときは、危険を防止するため、必要に応じて警音器を使用するとよい。

問45 左右の見通しがきかない交差点では徐行しなければならないが、交通の状況によっては一時停止が必要な場合もある。

問46 夜間、街路灯がついている明るい道路を通行する車は、前照灯をつけなくてもよい。

問47 時速30キロメートルで進行しています。対向車線の車が渋滞のため止まっているときは、どのようなことに注意して運転しますか？

(1) 対向車の間から歩行者が出てくるかもしれないので、警音器を鳴らして、このままの速度で進行する。

(2) 自転車が急に道路を横断するかもしれないので、追突されないようにブレーキを数回に分けてかけ、速度を落として進行する。

(3) 後続の二輪車は、自分の車の右側をぬってくると危険なので、できるだけ中央線に寄り、このままの速度で進行する。

問48 時速20キロメートルで進行しています。どのようなことに注意して運転しますか？

(1) 歩行者が路面の水たまりを避けて自分の車の前に出てくるかもしれないので、速度を落とし、歩行者に注意して進行する。

(2) 歩行者は、自分の車の接近に気づいていると思うので、そのままの速度で進行する。

(3) 路面に水がたまり、歩行者に雨水をはねて迷惑をかけるかもしれないので、速度を落として進行する。

問44 ○
霧が発生したときは、危険を防止するため、必要に応じて警音器を使用するとよい。　危険回避

P.75　No.83

解説 霧で見えにくいと危険なので、必要に応じて警音器を使用します。

問45 ○
左右の見通しがきかない交差点では徐行しなければならないが、交通の状況によっては一時停止が必要な場合もある。　安全のため

ここで覚える！

解説 交通の状況によっては、一時停止して安全を確かめます。

問46 ×
夜間、街路灯がついている明るい道路を通行する車は、前照灯をつけなくてもよい。つける

P.74　No.82

解説 夜間、車を運転するときは、必ず前照灯をつけなければなりません。

問47
(1) × 対向車の間から歩行者が出てくるかもしれないので、警音器を鳴らして、このままの速度で進行する。　不適切な行為

解説 警音器は鳴らさず、速度を落として進行します。

(2) ○ 自転車が急に道路を横断するかもしれないので、追突されないようにブレーキを数回に分けてかけ、速度を落として進行する。　安全な行為

解説 後続車に注意しながら、速度を落とします。

(3) × 後続の二輪車は、自分の車の右側をぬってくると危険なので、できるだけ中央線に寄り、このままの速度で進行する。　危険な行為

解説 渋滞している車のかげから歩行者や自転車が出てくるおそれがあります。

問48
(1) ○ 歩行者が路面の水たまりを避けて自分の車の前に出てくるかもしれないので、速度を落とし、歩行者に注意して進行する。　安全な行為

解説 歩行者が自車の前に出てくるおそれがあります。

(2) × 歩行者は、自分の車の接近に気づいていると思うので、そのままの速度で進行する。　誤った判断
危険な行為

解説 歩行者が自車の接近に気づいているとは限りません。

(3) ○ 路面に水がたまり、歩行者に雨水をはねて迷惑をかけるかもしれないので、速度を落として進行する。　安全な行為

解説 雨水をはねないように、速度を落とします。

模擬テスト 第3回

それぞれの問題について、正しいものには「○」、誤っているものには「×」で答えなさい。

本試験制限時間：**30**分　　合格点：**45**点以上

問 1
見通しの悪い左カーブでは、センターライン寄りを走行したほうがカーブの先を早く確認できるので安全である。

問 2
薬は体調をよくするためのものなので、体調が悪いときに車を運転するときは、どんな薬でも服用して安全運転に備える。

問 3
交通事故を起こすと、本人だけでなく家族にも経済的損失と精神的苦痛など、大きな負担がかかることになる。

問 4
一方通行となっている道路では、右側部分を通行することができる。

問 5
図の標示のある交差点を小回りの方法で右折する原動機付自転車は、交差点の中心の外側を徐行して通行しなければならない。

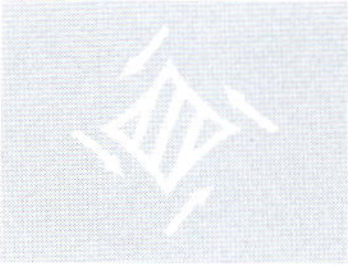

問 6
原動機付自転車は、ヘルメットをかぶれば二人乗りをすることができる。

難問 問 7
消火栓、消防用防火水槽の側端から5メートル以内の場所は、駐車も停車も禁止されている。

問 8
信号機のある交差点で横の信号が赤のときは、交差点に進入してくる車がないので、横の信号が赤になれば発進することができる。

難問 問 9
図のような交通整理の行われていない道幅が同じ道路の交差点では、A車はB車の進行を妨げてはならない。

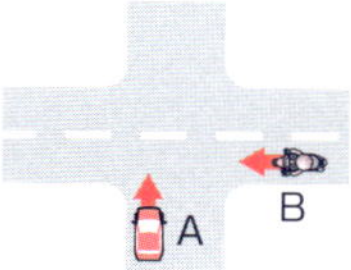

問 10
黄色の灯火の点滅信号では、車は徐行して進行しなければならない。

PART 2 実力判定 模擬テスト 第3回

| 正解 | ポイント解説 | 配点 問1～46 各1点／問47・48 各2点（3問とも正解の場合） |

問1 ✕
見通しの悪い左カーブでは、センターライン寄りを走行したほうがカーブの先を早く確認できるので安全である。危険な行為
解説 対向車との正面衝突を避けるため、道路の左寄りを走行します。
ここで覚える！

問2 ✕
薬は体調をよくするためのものなので、体調が悪いときに車を運転するときは、どんな薬でも服用して安全運転に備える。危険
解説 睡眠作用のある薬を飲んだときは、車の運転を控えます。
P.9 ◎No.3

問3 ◯
交通事故を起こすと、本人だけでなく家族にも経済的損失と精神的苦痛など、大きな負担がかかることになる。正しい内容
解説 交通事故を起こすと、本人や家族に大きな負担がかかることになります。
ここで覚える！

問4 ◯
一方通行となっている道路では、右側部分を通行することができる。正しい方法
解説 一方通行の道路は対向車が来ないので、道路の右側部分を通行できます。
P.33 ◎No.31

問5 ✕
図の標示のある交差点を小回りの方法で右折する原動機付自転車は、交差点の中心の外側を徐行して通行しなければならない。内側
解説 図は「右折の方法」の標示で、標示の内側（矢印に沿って）を通行します。
巻末 道路標識・標示一覧表

問6 ✕
原動機付自転車は、ヘルメットをかぶれば二人乗りをすることができる。できない
解説 たとえヘルメットをかぶっても、原動機付自転車で二人乗りはできません。
P.24 ◎No.22

問7 ✕
消火栓、消防用防火水槽の側端から5メートル以内の場所は、駐車も停車も禁止されている。停車は可
解説 設問の場所は駐車禁止で、停車は禁止されていません。
P.63 ◎No.73

問8 ✕
信号機のある交差点で横の信号が赤のときは、交差点に進入してくる車がないので、横の信号が赤になれば発進することができる。できない
解説 横の信号が赤色でも、前方の信号が青色であるとは限りません。
P.15 ◎No.9

問9 ◯
図のような交通整理の行われていない道幅が同じ道路の交差点では、A車はB車の進行を妨げてはならない。正しい内容
解説 B車は優先道路を通行しているので、A車はB車の進行を妨げてはいけません。
P.59 ◎No.68

問10 ✕
黄色の灯火の点滅信号では、車は徐行して進行しなければならない。誤った方法
解説 必ずしも徐行する必要はなく、他の交通に注意して進行します。
P.13 ◎No.7

問 11 交差点や交差点付近で緊急自動車が接近してきたときは、その場で一時停止しなければならない。

問 12 踏切に近づいたとき、表示する信号が青色の灯火であったので、安全を確かめ、停止せずに通過した。

問 13 二輪車のマフラーの破損は、騒音が発生する原因になる。

問 14 2本の白の実線で区画されている路側帯は、その幅が広い場合であっても、その中に入って駐停車してはならない。

問 15 図の標識は、自転車専用道路であることを示している。

問 16 道路上に駐車する場合、同じ場所に引き続き12時間以上、夜間は8時間以上駐車してはならない（特定の村の区域内の道路を除く）。

問 17 二輪車は、車体が大きいほうが安定性は高いので、なるべく大きめのものを選ぶのがよい。

難問 問 18 交通事故を起こすと自動車損害賠償責任保険か責任共済の証明書が必要となるので、紛失しないようにコピーしたものを車に備える。

難問 問 19 バスの停留所の標示板（柱）から30メートル以内の場所は、追い越しが禁止されている。

問 20 運転中の疲労とその影響は、目に最も強く現れ、見落としや見間違いが多くなったり、判断力が低下したりする。

問 21 原動機付自転車を運転するときは、自分本位でなく歩行者や他の運転者の立場も尊重し、譲り合いと思いやりの気持ちを持つことが大切である。

PART 2 実力判定 **模擬テスト**

問11 ✗

交差点や交差点付近で緊急自動車が接近してきたときは、その場で一時停止しなければならない。　誤った方法

P.36
⊕No.35

解説 交差点やその付近では、**交差点**を避けて道路の**左**側に寄って**一時停止**します。

問12 ○

踏切に近づいたとき、表示する信号が青色の灯火であったので、安全を確かめ、停止せずに通過した。　正しい方法

P.71
⊕No.79

解説 踏切の信号が青色の灯火のときは、**一時停止**せずに通過することができます。

問13 ○

二輪車のマフラーの破損は、騒音が発生する原因になる。
正しい内容

P.23
⊕No.21

解説 マフラーの破損は**騒音の原因**になるので、そのような二輪車は運転してはいけません。

問14 ○

2本の白の実線で区画されている路側帯は、その幅が広い場合であっても、その中に入って駐停車してはならない。　正しい内容

P.67
⊕No.77

解説 設問の路側帯は**歩行者用路側帯**なので、**中に入って**駐停車できません。

問15 ✗

図の標識は、自転車専用道路であることを示している。　歩行者も通行可

巻末
道路標識・標示一覧表

解説 「**自転車および歩行者専用**」の標識で、**自転車**や**歩行者**が通行できます。

問16 ○

道路上に駐車する場合、同じ場所に引き続き12時間以上、夜間は8時間以上駐車してはならない（特定の村の区域内の道路を除く）。
正しい意味

ここで
覚える！

解説 規定の時間以上、道路上の同じ場所に引き続き**駐車**してはいけません。

問17 ✗

二輪車は、車体が大きいほうが安定性は高いので、なるべく大きめのものを選ぶのがよい。　危険

ここで
覚える！

解説 いきなり大きい二輪車は**危険**なので、**自分の体格**に合った車種を選びます。

問18 ✗

交通事故を起こすと自動車損害賠償責任保険か責任共済の証明書が必要となるので、紛失しないようにコピーしたものを車に備える。
そのものが必要

P.8
⊕No.2

解説 自動車損害賠償責任保険（自賠責保険）か責任共済**証明書**を備えつけます。

問19 ✗

バスの停留所の標示板（柱）から30メートル以内の場所は、追い越しが禁止されている。　禁止されていない

P.54〜55
⊕No.63

解説 設問の場所は、とくに**追い越し**は禁止されていません。

問20 ○

運転中の疲労とその影響は、目に最も強く現れ、見落としや見間違いが多くなったり、判断力が低下したりする。　正しい内容

P.26
⊕No.26

解説 運転中の疲労の影響は**目**に最も強く現れ、連続運転は**危険度**が増します。

問21 ○

原動機付自転車を運転するときは、自分本位でなく歩行者や他の運転者の立場も尊重し、譲り合いと思いやりの気持ちを持つことが大切である。　正しい内容

P.8
⊕No.1

解説 自分本位の運転は、**交通事故**の原因になります。

第3回

113

難問 問22 図の標識のある道路では、原動機付自転車も時速50キロメートルの速度で通行することができる。 **50**

問23 警察官や交通巡視員が信号機の信号と異なる手信号をしたときは、警察官や交通巡視員の手信号が優先する。

問24 下り坂のカーブに「右側通行」の標示があるときは、対向車に注意しながら、道路の右側部分を通行することができる。

難問 問25 走行中の速度が半分になれば、制動距離は2分の1になる。

問26 原動機付自転車を運転するときは、運転操作に支障がなく活動しやすい服装をして、げたやハイヒールをはくのは避ける。

問27 交通事故が起きたときは、過失の大きいほうが警察官に届けなければならない。

問28 前方の交差点で右折するので、その交差点の30メートル手前から右の方向指示器を出す合図を始めた。

問29 図の補助標識は、本標識が示す交通規制の「終わり」を表している。

問30 同一方向に車両通行帯が2つある道路では、自動車は右側の通行帯を、原動機付自転車は左側の通行帯を通行する。

問31 原動機付自転車を押して歩くとき、エンジンを止めていれば、横断歩道や歩道を通行してもよい。

問32 運転者が疲れている、いないに関係なく、同じ速度のときの空走距離は一定である。

問22 ✕

図の標識のある道路では、原動機付自転車も時速
50キロメートルの速度で通行することができる。できない

P.42
⊚ No.47

解説 原動機付自転車は、時速30キロメートル以下で通行しなければなりません。

問23 ○

警察官や交通巡視員が信号機の信号と異なる手信号をしたときは、
警察官や交通巡視員の手信号が優先する。正しい内容

P.15
⊚ No.9

解説 信号機の信号より、警察官や交通巡視員の手信号が優先します。

問24 ○

下り坂のカーブに「右側通行」の標示があるときは、対向車に注意
しながら、道路の右側部分を通行することができる。正しい方法

P.33
⊚ No.31

解説 「右側通行」の標示のある場所では、道路の右側部分を通行することができます。

問25 ✕

走行中の速度が半分になれば、制動距離は2分の1になる。
　　　　　　　　　　　　　　　　　　　　4

P.44
⊚ No.50

解説 走行中の速度を半分にすると、制動距離は4分の1になります。

問26 ○

原動機付自転車を運転するときは、運転操作に支障がなく活動しや
すい服装をして、げたやハイヒールをはくのは避ける。危険

P.28
⊚ No.28

解説 げたやハイヒールは安全運転に支障をきたすので運転してはいけません。

問27 ✕

交通事故が起きたときは、過失の大きいほうが警察官に届けなけれ
ばならない。小さいほうも

P.76～77
⊚ No.84・85

解説 過失の度合いに関係なく、両者とも届け出なければなりません。

問28 ○

前方の交差点で右折するので、その交差点の30メートル手前から
右の方向指示器を出す合図を始めた。正しい方法

P.47
⊚ No.56

解説 右折するときの合図は、交差点の30メートル手前の地点から行います。

問29 ✕

図の補助標識は、本標識が示す交通規制の「終わ
り」を表している。始まり

P.18
⊚ No.16

解説 図の右向き矢印の補助標識は「始まり」を表します。

問30 ✕

同一方向に車両通行帯が2つある道路では、自動車は右側の通行帯
を、原動機付自転車は左側の通行帯を通行する。自動車も左側

P.32
⊚ No.30

解説 右折や追い越しの場合を除き、車は左側の車両通行帯を通行します。

問31 ○

原動機付自転車を押して歩くとき、エンジンを止めていれば、横断
歩道や歩道を通行してもよい。正しい内容

P.40
⊚ No.43

解説 二輪車のエンジンを止めて押して歩くときは、歩行者とみなされます。

問32 ✕

運転者が疲れている、いないに関係なく、同じ速度のときの空走距
離は一定である。状況で変わる

P.44
⊚ No.50

解説 疲労時はブレーキをかけるまでに時間がかかるので、空走距離も長くなります。

問 33 車を運転する場合、交通規則を守ることは道路を安全に通行するための基本であるが、事故を起こさない自信があれば、必ずしも守る必要はない。

問 34 車を運転中、左前方に白色のつえを持った人が歩いていたが、路側帯の中だったので速度を落とさずに通行した。

難問 問 35 図の標示内は、車は通行してもよいが停止してはならない。

問 36 正面衝突のおそれが生じた場合は、道路外が危険な場所でなくても、道路外に出ることはしてはならない。

難問 問 37 安全地帯のある停留所に停止している路面電車のそばを通るときは、乗り降りする人がいても徐行して進むことができる。

問 38 車の交通の激しい商店街でパンクしたので、ハンドルをしっかり握り、急ブレーキをかけた。

問 39 二輪車を選ぶときは、二輪車にまたがったとき、片足のつま先が地面に届くものがよい。

問 40 二輪車を運転するときにプロテクターを着用すると運転操作の妨げとなるので、着用しないほうがよい。

問 41 交通事故の責任は、事故を起こした運転者だけにあって、車を貸した者にはその責任がない。

問 42 図の標識は、「最低速度時速 30 キロメートル」を表している。

問 43 車両通行帯のない道路では、原動機付自転車は道路の中央から左側部分の左寄りを通行する。

問33 ✕
車を運転する場合、交通規則を守ることは道路を安全に通行するための基本であるが、事故を起こさない自信があれば、必ずしも守る必要はない。必ず守る

ここで覚える！

解説 交通規則は必ず守ります。自信過剰な人ほど、事故を起こしやすい傾向があります。

問34 ✕
車を運転中、左前方に白色のつえを持った人が歩いていたが、路側帯の中だったのでその近くを速度を落とさずに通行した。危険な運転

P.40
⦿No.44

解説 路側帯を歩いていても、設問の人には一時停止か徐行が必要です。

問35 ○
図の標示内は、車は通行してもよいが停止してはならない。正しい内容

P.20
⦿No.18

解説 図は「停止禁止部分」を表し、その中で停止してはいけません。

問36 ✕
正面衝突のおそれが生じた場合は、道路外が危険な場所でなくても、道路外に出ることはしてはならない。道路外に出る

P.78
⦿No.87

解説 道路外が危険な場所でなければ、道路外に出て正面衝突を回避します。

問37 ○
安全地帯のある停留所に停止している路面電車のそばを通るときは、乗り降りする人がいても徐行して進むことができる。正しい内容

P.39
⦿No.41

安全地帯があるときは、乗り降りする人がいても徐行して進めます。

問38 ✕
車の交通の激しい商店街でパンクしたので、ハンドルをしっかり握り、急ブレーキをかけた。危険な行為

P.78
⦿No.87

解説 急ブレーキは危険です。断続的にブレーキをかけて速度を落とします。

問39 ✕
二輪車を選ぶときは、二輪車にまたがったとき、片足のつま先が地面に届くものがよい。両足

ここで覚える！

解説 片足ではなく、両足のつま先が地面に届くものを選びます。

問40 ✕
二輪車を運転するときにプロテクターを着用すると運転操作の妨げとなるので、着用しないほうがよい。着用する

P.28
⦿No.28

解説 プロテクターを着用したほうが安全です。

問41 ✕
交通事故の責任は、事故を起こした運転者だけにあって、車を貸した者にはその責任がない。責任があるケースも

ここで覚える！

解説 車を貸した者が責任を問われることもあります。

問42 ✕
図の標識は、「最低速度時速30キロメートル」を表している。最高速度

P.42
⦿No.47

解説 最低速度ではなく、「最高速度時速30キロメートル」を表します。

問43 ○
車両通行帯のない道路では、原動機付自転車は道路の中央から左側部分の左寄りを通行する。正しい内容

P.32
⦿No.30

解説 原動機付自転車は、道路の中央から左側部分の左寄りを通行します。

問44 道幅が狭い山道での行き違いは、下りの車が上りの車に道を譲るのが原則である。

問45 左側部分が6メートル未満の道路であっても、中央線が黄色の実線のところでは、その線から右側部分にはみ出して追い越しをしてはならない。

問46 夜間、見通しの悪い交差点やカーブなどの手前では、前照灯を上向きのままにするか点滅させて、自車の接近を知らせるようにする。

問47 時速30キロメートルで進行しています。後続車があり、前方にタクシーが走行しているときは、どのようなことに注意して運転しますか？

(1) 人が手を上げているためタクシーは急に止まると思われるので、その側方を加速して通過する。

(2) 急に減速すると後続車に追突されるおそれがあるので、そのままの速度で走行する。

(3) タクシーは左の合図を出しておらず、停止するとは思われないので、そのままの速度で進行する。

問48 時速20キロメートルで進行中、歩行者用信号が青の点滅をしている交差点を左折するときは、どのようなことに注意して運転しますか？

(1) 後続の車も左折で、信号が変わる前に左折するため自分の車との車間距離をつめてくるかもしれないので、すばやく左折する。

(2) 歩行者や自転車が無理に横断するかもしれないので、その前に左折する。

(3) 横断歩道の手前で急に止まると、後続の車に追突されるおそれがあるので、ブレーキを数回に分けてかけながら減速する。

問 44 ○
道幅が狭い山道での行き違いは、下りの車が上りの車に道を譲るのが原則である。　正しい方法

P.72　◎No.80

解説　発進しやすい下りの車が、上りの車に進路を譲ります。

問 45 ○
左側部分が6メートル未満の道路であっても、中央線が黄色の実線のところでは、その線から右側部分にはみ出して追い越しをしてはならない。　正しい内容

P.56　◎No.65

解説　黄色の実線は「追越しのための右側部分はみ出し通行禁止」を表します。

問 46 ○
夜間、見通しの悪い交差点やカーブなどの手前では、前照灯を上向きのままにするか点滅させて、自車の接近を知らせるようにする。　正しい方法

P.74　◎No.82

解説　前照灯を上向きのままにするか点滅させて、自車の接近を知らせるようにします。

問 47
(1) ×　人が手を上げているためタクシーは急に止まると思われるので、その側方を加速して通過する。　危険な行為

解説　タクシーは急に止まるとは限りません。加速するのは危険です。

(2) ×　急に減速すると後続車に追突されるおそれがあるので、そのままの速度で走行する。　危険な行為

解説　そのまま進むとタクシーに衝突するおそれがあります。

(3) ×　タクシーは左の合図を出しておらず、停止するとは思われないので、そのままの速度で進行する。　危険な行為

解説　タクシーは客を乗せるため急停止するおそれがあります。

問 48
(1) ×　後続の車も左折で、信号が変わる前に左折するため自分の車との車間距離をつめてくるかもしれないので、すばやく左折する。　危険な行為

解説　歩行者や自転車が横断するおそれがあるので危険です。

(2) ×　歩行者や自転車が無理に横断するかもしれないので、その前に左折する。　危険な行為

解説　歩行者や自転車の横断を妨げてはいけません。

(3) ○　横断歩道の手前で急に止まると、後続の車に追突されるおそれがあるので、ブレーキを数回に分けてかけながら減速する。　安全な行為

解説　後続車に注意しながら、ブレーキを数回に分けてかけ減速します。

模擬テスト 第4回

それぞれの問題について、正しいものには「○」、誤っているものには「×」で答えなさい。

本試験制限時間：**30**分　　合格点：**45**点以上

問 1
原動機付自転車の前照灯は光が弱いので、対向車と行き違うときでも上向きにする。

問 2
二輪車に荷物を積むときは、荷台から左右にそれぞれ15センチメートルまではみ出すことができる。

問 3
【難問】交通事故が起きたとき、事故現場は警察官が来るまでそのままにしておかなければならない。

問 4
一方通行の道路では、右側に駐車してもよい。

問 5
図の標示のあるところでは、B車は中央線を越えて追い越しをしてはならないが、A車は中央線を越えて追い越しをしてもよい。

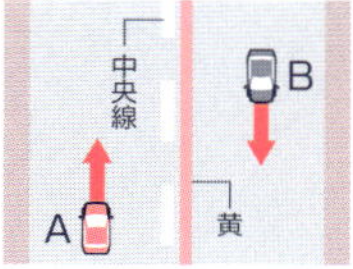

問 6
交差点で右折しようとしたとき、対向車の右折車のかげに自動二輪車が見えたが、速度も遅く、遠くに見えたのでそのまま進行した。

問 7
上り坂の頂上付近やこう配の急な下り坂であっても、道幅が広ければ徐行しなくてもよい。

問 8
道路を通行するときは、相手の立場に立ち、思いやりの気持ちを持って運転することが大切である。

問 9
図のような道幅が同じ交差点では、A車は路面電車の進行を妨げてはならない。

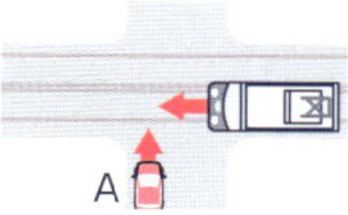

問 10
警察官が交差点で両腕を垂直に上げる手信号をした場合、その身体の正面に平行する交通は、原則として交差点の直前で停止する。

を当てながら解いていこう。間違えたらポイントを再チェック！ 解説文もしっかり確認！

PART **2** 実力判定 **模擬テスト**

| 正解 | ポイント解説 | 配点 問1〜46 各1点／問47・48 各2点（3問とも正解の場合） |

問1 ✕

原動機付自転車の前照灯は光が弱いので、対向車と行き違うときでも上向きにする。下

解説 対向車と行き違うときは、二輪車でもライトを下向きに切り替えます。

P.74 ◉No.82

問2 ◯

二輪車に荷物を積むときは、荷台から左右にそれぞれ15センチメートルまではみ出すことができる。正しい数字

解説 二輪車は、荷台から左右に各15センチメートル（0.15メートル）まではみ出せます。

P.24 ◉No.23

問3 ✕

交通事故が起きたとき、事故現場は警察官が来るまでそのままにしておかなければならない。不適切な処理

解説 事故の続発防止のために車を移動し、負傷者を救護しなければなりません。

P.76 ◉No.84

問4 ✕

一方通行の道路では、右側に駐車してもよい。誤った方法

解説 一方通行の道路であっても、左側に駐車しなければなりません。

ここで覚える！

問5 ◯

図の標示のあるところでは、B車は中央線を越えて追い越しをしてはならないが、A車は中央線を越えて追い越しをしてもよい。正しい行為

解説 B車の側に黄色の線があるので、B車は中央線を越えて追い越してはいけません。

P.56 ◉No.65

第4回

問6 ✕

交差点で右折しようとしたとき、対向車の右折車のかげに自動二輪車が見えたが、速度も遅く、遠くに見えたのでそのまま進行した。危険な行為

解説 二輪車は遠くに見えてもすぐ接近してくることがあるので、一時停止します。

P.60 ◉No.69

問7 ✕

上り坂の頂上付近やこう配の急な下り坂であっても、道幅が広ければ徐行しなくてもよい。徐行が必要

解説 設問の場所は、道幅に関係なく、徐行場所に指定されています。

P.43 ◉No.49

問8 ◯

道路を通行するときは、相手の立場に立ち、思いやりの気持ちを持って運転することが大切である。正しい行為

解説 思いやりの気持ちを持って運転することが、安全運転につながります。

P.8 ◉No.1

問9 ◯

図のような道幅が同じ交差点では、A車は路面電車の進行を妨げてはならない。正しい行為

解説 道幅が同じ交差点では、右方や左方に関係なく、路面電車が優先です。

P.59 ◉No.68

問10 ◯

警察官が交差点で両腕を垂直に上げる手信号をした場合、その身体の正面に平行する交通は、原則として交差点の直前で停止する。正しい行為

解説 設問の場合は、黄色の灯火信号と同じ意味を表します。

P.14 ◉No.8

難問 問 **11**
交差点を通行中、緊急自動車が接近してきたので、交差点を避け、徐行して進路を譲った。

問 **12**
踏切を通過しようとするとき、信号機のない場合は、必ず一時停止し、自分の目と耳で安全を確かめなければならない。

問 **13**
原動機付自転車の乗車定員は1人で、二人乗りをしてはならない。

問 **14**
信号に従って右左折する場合でも、徐行しなければならない。

問 **15**
図の標示は、前方に横断歩道または自転車横断帯があることを表している。

難問 問 **16**
濡れたアスファルト路面の走行時や、タイヤがすり減っている車の運転時は、路面とタイヤの摩擦抵抗が大きくなるため、車の停止距離は短くなる。

問 **17**
二輪車を選ぶときは、二輪車にまたがったとき、両足のつま先が地面に届かなければ、体格に合った車種とはいえない。

問 **18**
交通事故で頭部に強い衝撃を受けた負傷者がいる場合は、救急車が来る前に病院へ連れて行ったほうがよい。

問 **19**
標識や標示によって一時停止が指定されている交差点で、他の車などがなく、とくに危険がない場合は、一時停止する必要はない。

問 **20**
運転中は一点を注視しないで、前方を広く見渡すような目の配り方がよい。

問 **21**
交差点の手前で対面する信号が黄色の灯火に変わったとき、車は原則として停止位置から先に進んではならない。

問11 ✕

交差点を通行中、緊急自動車が接近してきたので、交差点を避け、徐行して進路を譲った。誤った行為

P.36
◎No.35

> **解説** 交差点から出て、道路の左側に寄って一時停止しなければなりません。

問12 ○

踏切を通過しようとするとき、信号機のない場合は、必ず一時停止し、自分の目と耳で安全を確かめなければならない。正しい行為

P.70
◎No.78

> **解説** 信号機のない踏切では、必ず一時停止して、自分の目と耳で安全を確かめます。

問13 ○

原動機付自転車の乗車定員は1人で、二人乗りをしてはならない。正しい数字

P.24
◎No.22

> **解説** 原動機付自転車の乗車定員は運転者のみ1人で、二人乗り禁止です。

問14 ○

信号に従って右左折する場合でも、徐行しなければならない。正しい行為

P.57
◎No.66

> **解説** 右左折する場合は、必ず徐行しなければなりません。

問15 ○

図の標示は、前方に横断歩道または自転車横断帯があることを表している。正しい意味

巻末
道路標識・標示一覧表

> **解説** 図は、「横断歩道または自転車横断帯あり」の標示です。

問16 ✕

濡れたアスファルト路面の走行時や、タイヤがすり減っている車の運転時は、路面とタイヤの摩擦抵抗が大きくなるため、車の停止距離は短くなる。長く 小さく

P.27
◎No.27

> **解説** 摩擦抵抗は小さくなるため、車の停止距離は長くなります。

問17 ○

二輪車を選ぶときは、二輪車にまたがったとき、両足のつま先が地面に届かなければ、体格に合った車種とはいえない。正しい内容

ここで
覚える！

> **解説** 二輪車にまたがったとき、両足のつま先が地面に届く二輪車を選びます。

問18 ✕

交通事故で頭部に強い衝撃を受けた負傷者がいる場合は、救急車が来る前に病院へ連れて行ったほうがよい。救急車を待つ

P.76
◎No.84

> **解説** 頭部を強く打った場合は、むやみに動かしてはいけません。

問19 ✕

標識や標示によって一時停止が指定されている交差点で、他の車などがなく、とくに危険がない場合は、一時停止する必要はない。違反

ここで
覚える！

> **解説** 標識などで指定されている場合は、必ず一時停止しなければなりません。

問20 ○

運転中は一点を注視しないで、前方を広く見渡すような目の配り方がよい。正しい行為

ここで
覚える！

> **解説** 一点を注視すると危険なので、前方を広く見渡すように目を配ります。

問21 ○

交差点の手前で対面する信号が黄色の灯火に変わったとき、車は原則として停止位置から先に進んではならない。正しい行為

P.12
◎No.7

> **解説** 安全に停止できない場合を除き、停止位置から先に進んではいけません。

難問	**問22** ☐☐	図の標識のある道路を通行する車は、見通しの悪い交差点で徐行しなければならない。	

問23 ☐☐
二輪車の運転は、身体で安定を保ちながら走り、停止すれば安定を失うという特性があり、四輪車とは違った運転技術が必要である。

問24 ☐☐
危険を認めてブレーキをかけ、ブレーキが効き始めるまでには約1秒の反応時間があるので、その時間を考えた運転をしなければならない。

問25 ☐☐
速度の超過、急ハンドルまたは急加速は、横滑りの原因になる。

問26 ☐☐
二輪車に乗るときのヘルメットは、PS(C)マークかJISマークの付いた安全なものを選ぶとよい。

問27 ☐☐
二輪車を運転中、ハンドルを切りながら前輪ブレーキを強くかけると転倒しやすい。

難問 **問28** ☐☐
中央線のある片側1車線の道路を、「車両通行帯のある道路」という。

問29 ☐☐
交差点で警察官が図のような手信号をしているとき、身体の正面に平行する方向の交通は、青色の灯火信号と同じである。

問30 ☐☐
同一方向に進行中、進路を左方に変えるときに行う合図の時期は、進路を変えようとするときの約3秒前である。

問31 ☐☐
横断歩道や自転車横断帯とその端から前後5メートル以内の場所では、駐車も停車もしてはならない。

問32 ☐☐
運転者は、自分の利便だけを考えるのではなく、沿道で生活している人々に対して、不愉快な騒音などの迷惑をかけないようにしなければならない。

問 22 ✕

図の標識のある道路を通行する車は、見通しの悪い交差点で徐行しなければならない。誤り

P.17 ⊙ No.13
P.43 ⊙ No.49

解説 進行している道路は優先道路なので、必ずしも徐行する必要はありません。

問 23 ○

二輪車の運転は、身体で安定を保ちながら走り、停止すれば安定を失うという特性があり、四輪車とは違った運転技術が必要である。

ここで覚える！

解説 二輪車には設問のような特性があり、四輪車とは違った運転技術が必要です。二輪車特有の技術

問 24 ○

危険を認めてブレーキをかけ、ブレーキが効き始めるまでには約1秒の反応時間があるので、その時間を考えた運転をしなければならない。正しい数字

ここで覚える！

解説 反応時間を考えた運転をすることが大切です。

問 25 ○

速度の超過、急ハンドルまたは急加速は、横滑りの原因になる。正しい内容

ここで覚える！

解説 設問のような横滑りの原因になるような運転はしないようにします。

問 26 ○

二輪車に乗るときのヘルメットは、PS(C) マークかＪＩＳマークの付いた安全なものを選ぶとよい。正しい内容

P.28
⊙ No.28

解説 PS(C) マークかＪＩＳマークの付いた安全なヘルメットを選びましょう。

問 27 ○

二輪車を運転中、ハンドルを切りながら前輪ブレーキを強くかけると転倒しやすい。危険な行為

P.45
⊙ No.53

解説 身体を垂直に保ち、前後輪ブレーキを同時にかけるようにします。

問 28 ✕

中央線のある片側1車線の道路を、「車両通行帯のある道路」という。誤った内容

P.33
意味を覚える！

解説 片側に2車線以上の車両通行帯のある道路が「車両通行帯のある道路」です。

問 29 ○

交差点で警察官が図のような手信号をしているとき、身体の正面に平行する方向の交通は、青色の灯火信号と同じである。正しい内容

P.14
⊙ No.8

解説 警察官の身体の正面に平行する方向の交通は、青色の灯火信号と同じです。

問 30 ○

同一方向に進行中、進路を左方に変えるときに行う合図の時期は、進路を変えようとするときの約3秒前である。正しい内容

P.47
⊙ No.56

解説 進路変更の合図は、進路を変えようとする約3秒前に行います。

問 31 ○

横断歩道や自転車横断帯とその端から前後5メートル以内の場所では、駐車も停車もしてはならない。禁止場所

P.64〜65
⊙ No.74

解説 設問の場所は、駐停車禁止場所として指定されています。

問 32 ○

運転者は、自分の利便だけを考えるのではなく、沿道で生活している人々に対して、不愉快な騒音などの迷惑をかけないようにしなければならない。正しい内容

P.8
⊙ No.1

解説 周辺の住民に騒音などの迷惑をかけるような運転はしてはいけません。

問33 対面する信号機の灯火が黄色の点滅を表示しているとき、車は他の交通に注意しながら進行してよい。

問34 車両通行帯が黄色の線で区画されているところでは、たとえ右折や左折のためであっても、黄色の線を越えて進路を変えてはならない。

難問 **問35** 図の標識があるところでは、車は標識の直前で必ず一時停止しなければならない。

停止線

問36 雪道を通行する場合は、前の車の通った跡を選んで通るほうがよい。

問37 四輪車のドライバーは、二輪車を軽視する傾向がある。

問38 交通量が少ないときは、他の道路利用者に迷惑をかけることはないので、自分の利便だけを考えて運転してもよい。

問39 原動機付自転車は手軽な乗り物であるが、転倒すると大けがにつながるので、長そでや長ズボンなど身体の露出が少ない服装がよい。

難問 **問40** 自動車損害賠償責任保険や責任共済への加入は、自動車は強制だが、原動機付自転車は任意である。

問41 交差点の手前30メートル以内の場所では、優先道路を通行している場合であっても、追い越しが禁止されている。

問42 図の標識は、「駐車禁止区間の始まり」を表している。

問43 原動機付自転車は車体が小さいので、歩道に駐車してもかまわない。

問33 ⭕

対面する信号機の灯火が黄色の点滅を表示しているとき、車は他の交通に注意しながら進行してよい。正しい方法

解説 黄色の点滅信号では、車は他の交通に注意しながら進行できます。

P.13
⊚ No.7

問34 ⭕

車両通行帯が黄色の線で区画されているところでは、たとえ右折や左折のためであっても、黄色の線を越えて進路を変えてはならない。

解説 右左折のためでも、黄色の線を越えて進路変更してはいけません。進路変更禁止

P.50
⊚ No.57

問35 ❌

図の標識があるところでは、車は標識の直前で必ず一時停止しなければならない。誤った内容

解説 図は「停止線」の標識で、停止する場合の停止位置を示しています。

巻末
道路標識・標示一覧表

問36 ⭕

雪道を通行する場合は、前の車の通った跡を選んで通るほうがよい。安全のため

解説 雪道では、前の車の通った跡（わだち）を選んで通行します。

P.75
⊚ No.83

問37 ⭕

四輪車のドライバーは、二輪車を軽視する傾向がある。正しい内容

解説 車体の小さい二輪車に対し優越感をいだき、軽視する傾向があります。

ここで
覚える！

問38 ❌

交通量が少ないときは、他の道路利用者に迷惑をかけることはないので、自分の利便だけを考えて運転してもよい。誤った内容

解説 自分の利便だけを考えて運転すると、他の道路利用者に迷惑をかけることがあります。

ここで
覚える！

問39 ⭕

原動機付自転車は手軽な乗り物であるが、転倒すると大けがにつながるので、長そでや長ズボンなど身体の露出が少ない服装がよい。

解説 転倒したときのことを考えた服装で運転します。正しい内容

P.28
⊚ No.28

問40 ❌

自動車損害賠償責任保険や責任共済への加入は、自動車は強制だが、原動機付自転車は任意である。強制

解説 設問の強制保険には、原動機付自転車でも必ず加入しなければなりません。

P.8
⊚ No.2

問41 ❌

交差点の手前30メートル以内の場所では、優先道路を通行している場合であっても、追い越しが禁止されている。追い越し可

解説 優先道路を通行している場合は、設問の場所でも追い越しをすることができます。

P.54～55
⊚ No.63

問42 ⭕

図の標識は、「駐車禁止区間の始まり」を表している。正しい意味

解説 補助標識は「始まり」を表すので、「駐車禁止区間の始まり」を意味します。

巻末
道路標識・標示一覧表

問43 ❌

原動機付自転車は車体が小さいので、歩道に駐車してもかまわない。違反

解説 原動機付自転車でも、歩道に駐車してはいけません。

P.67
⊚ No.77

127

問44 トンネルの中や濃い霧などで50メートル先が見えない場所を通行するときでも、昼間は灯火をつける必要はない。

問45 左側部分の幅が6メートル未満の道路であれば、見通しが悪くても、右側部分にはみ出して他の車を追い越すことができる。

問46 夜間、交通量の多い市街地の道路では、前照灯を上向きにしたまま、前方をよく注意して運転する。

問47 時速30キロメートルで進行しています。どのようなことに注意して運転しますか？

（1）トンネル内の暗さに目が慣れるまでは危険なので、あらかじめ速度を落としてトンネルに入る。

（2）まぶしさに目がくらんだ対向車がセンターラインを越えてくるかもしれないので、速度を落として左寄りを走行する。

（3）トンネル内の暗さに目が慣れるまでは危険なので、前車の尾灯を目安にしながら、車間距離をつめて走行する。

問48 交差点を左折するため時速10キロメートルに減速しました。どのようなことに注意して運転しますか？

（1）右側から無灯火の自転車がきており、視界が悪くて見落としやすいので、交差点の手前で停止する。

（2）後ろから車が近づいているので、すばやく左折する。

（3）交差点の左側に歩行者がいるが、横断歩道もなく横断する様子もないので、自転車に注意しながら左折する。

| 問44 ✕ | トンネルの中や濃い霧などで50メートル先が見えない場所を通行するときでも、昼間は灯火をつける必要はない。必要がある | P.74 ⊚No.82 |

解説 50メートル先が見えない場所を通行するときは、昼間でも灯火をつけます。

| 問45 ✕ | 左側部分の幅が6メートル未満の道路であれば、見通しが悪くても、右側部分にはみ出して他の車を追い越すことができる。できない | P.33 ⊚No.31 |

解説 見通しが悪い場合は、道路の右側部分にはみ出す追い越しは禁止です。

| 問46 ✕ | 夜間、交通量の多い市街地の道路では、前照灯を上向きにしたまま、前方をよく注意して運転する。迷惑 | P.74 ⊚No.82 |

解説 他の交通に迷惑をかけるので、前照灯を下向きに切り替えて運転します。

問47
(1) ○ トンネル内の暗さに目が慣れるまでは危険なので、あらかじめ速度を落としてトンネルに入る。　　　　　安全な行為

解説 暗さに目が慣れるまでの危険を予測して、速度を落とします。

(2) ○ まぶしさに目がくらんだ対向車がセンターラインを越えてくるかもしれないので、速度を落として左寄りを走行する。
安全な行為

解説 対向車が中央線を越えてくる危険を予測して、左寄りを走行します。

(3) ✕ トンネル内の暗さに目が慣れるまでは危険なので、前車の尾灯を目安にしながら、車間距離をつめて走行する。
危険な行為

解説 車間距離をつめて走行すると、前車に追突するおそれがあります。

問48
(1) ○ 右側から無灯火の自転車がきており、視界が悪くて見落としやすいので、交差点の手前で停止する。
安全な行為

解説 交差点の手前で停止して、自転車を安全に通過させます。

(2) ✕ 後ろから車が近づいているので、すばやく左折する。
危険な行為

解説 すばやく左折すると、自転車や歩行者と接触するおそれがあります。

(3) ✕ 交差点の左側に歩行者がいるが、横断歩道もなく横断する様子もないので、自転車に注意しながら左折する。誤った判断
危険な行為

解説 歩行者が道路を横断するおそれがあるので、停止して歩行者を保護します。

模擬テスト 第5回

それぞれの問題について、正しいものには「○」、誤っているものには「×」で答えなさい。

本試験制限時間：**30**分　合格点：**45**点以上

難問

問 1 坂道での行き違いは、上りの車が下りの車に道を譲るのがマナーである。

問 2 自動車や原動機付自転車を運転するときは、運転免許証を携帯し、眼鏡等使用など記載されている条件を守らなければならない。

問 3 交通事故で多量の出血があるときは、まず清潔なハンカチなどで止血するのがよい。

難問

問 4 一方通行の道路で緊急自動車が接近してきたときは、必ず道路の左側に寄って進路を譲らなければならない。

問 5 図の標示のあるところでは、道路の中央から右側部分にはみ出して通行することができる。

問 6 二段階の方法で右折する原動機付自転車は、右折する地点へ直進するまで、右の方向指示器を出さなければならない。

問 7 信号の青色の灯火は進めの命令であるから、青信号に対面した車は、前方の交通に関係なく発進するべきである。

問 8 道路上で酒に酔ってふらついたり、寝そべったりするのは、他の交通の妨げとなるだけでなく、自分自身も危険である。

問 9 運転者は、交通規則を守っていれば、他の交通利用者のことまで考える必要はない。

問 10 図の標識は、30分間停車してもよいことを表している。

PART 2 実力判定 模擬テスト 第5回

■を当てながら解いていこう。間違えたらポイントを再チェック！ 解説文もしっかり確認！

正解　**ポイント解説**　　配点　問1〜46　各1点／問47・48　各2点（3問とも正解の場合）

問1 ✕　坂道での行き違いは、上りの車が下りの車に道を譲るのがマナーである。　*下りの車が上りの車に譲る*　P.72 No.80
　解説　下りの車が、発進のむずかしい上りの車に道を譲るのが原則です。

問2 ◯　自動車や原動機付自転車を運転するときは、運転免許証を携帯し、眼鏡等使用など記載されている条件を守らなければならない。*正しい内容*　P.8 No.2
　解説　運転免許証を携帯し、記載されている条件を守って運転します。

問3 ◯　交通事故で多量の出血があるときは、まず清潔なハンカチなどで止血するのがよい。*正しい処置*　P.76 No.84
　解説　負傷者がいるときは、止血するなどの可能な応急処置を行います。

問4 ✕　一方通行の道路で緊急自動車が接近してきたときは、必ず道路の左側に寄って進路を譲らなければならない。　*必ずではない*　P.36 No.35
　解説　一方通行路では、左側に寄るとかえって妨げとなるときは右側に寄ります。

問5 ◯　図の標示のあるところでは、道路の中央から右側部分にはみ出して通行することができる。　*正しい内容*　P.33 No.31
　解説　「右側通行」の標示があれば、道路の右側部分にはみ出せます。

問6 ◯　二段階の方法で右折する原動機付自転車は、右折する地点へ直進するまで、右の方向指示器を出さなければならない。*正しい内容*　P.58 No.67
　解説　右折する地点へ直進するまで、右の方向指示器を出します。

問7 ✕　信号の青色の灯火は進めの命令であるから、青信号に対面した車は、前方の交通に関係なく発進するべきである。*誤った内容*　*状況による*　ここで覚える！
　解説　青色の灯火は「進んでもよい」の意味で、他の交通を妨げる場合は進めません。

問8 ◯　道路上で酒に酔ってふらついたり、寝そべったりするのは、他の交通の妨げとなるだけでなく、自分自身も危険である。*禁止行為*　ここで覚える！
　解説　設問のような危険な行為は、絶対にしてはいけません。

問9 ✕　運転者は、交通規則を守っていれば、他の交通利用者のことまで考える必要はない。*考えて運転する*　ここで覚える！
　解説　他の交通利用者の立場も考えて、譲り合う気持ちが大切です。

問10 ✕　図の標識は、30分間停車してもよいことを表している。　*誤った内容*　巻末 道路標識・標示一覧表
　解説　設問の標識は、自動車の最低速度を表しています。

問 11 交通が渋滞してノロノロ運転のときは、混雑するので車間距離を狭くしたほうがよい。

問 12 踏切を通過するときは、停止線がなくても、その直前で一時停止して安全を確認しなければならない。

問 13 二輪車の正しい乗車姿勢は、ステップに土踏まずを乗せて足の裏が水平になるようにし、足先はまっすぐ前方に向け、ひじをわずかに曲げる。

問 14 エンジンなどから水やオイルなどが漏れていても、少量であれば異常とはいえない。

問 15 図の標示は「横断歩道」を表し、歩行者が道路を横断するための場所であることを示している。

問 16 発進するときに合図をすれば、すぐ後方から車が近づいてきても進路を譲ってくれるので、すぐ発進してよい。

問 17 原動機付自転車でカーブを曲がるときは、車体を外側に傾けるようにする。

難問 問 18 走行中、大地震が発生したので、急ブレーキをかけてその場に停止し、すぐに車から離れた。

問 19 歩行者がいる安全地帯のそばを通るときは徐行しなければならないが、歩行者がいない場合は徐行しなくてもよい。

問 20 運転免許証を紛失中であっても、警察に届けておけば車を運転してよい。

難問 問 21 交差点で対面する信号が赤色の点滅を表示しているときは、必ず停止位置で一時停止して安全を確かめる。

問11 ✕	交通が渋滞してノロノロ運転のときは、混雑するので車間距離を狭くしたほうがよい。　危険な行為	ここで覚える！
	解説　追突防止のため、車間距離を十分とらなければなりません。	

問12 ◯	踏切を通過するときは、停止線がなくても、その直前で一時停止して安全を確認しなければならない。　原則	P.70 ◎No.78
	解説　踏切の直前で一時停止して、自分の目と耳で安全を確認します。	

問13 ◯	二輪車の正しい乗車姿勢は、ステップに土踏まずを乗せて足の裏が水平になるようにし、足先はまっすぐ前方に向け、ひじをわずかに曲げる。　正しい姿勢	P.29 ◎No.29
	解説　二輪車は、設問のような乗車姿勢で運転します。	

問14 ✕	エンジンなどから水やオイルなどが漏れていても、少量であれば異常とはいえない。　異常な状態	P.23 ◎No.21
	解説　少しでも水やオイルが漏れるのは異常なので、修理する必要があります。	

問15 ◯	図の標示は「横断歩道」を表し、歩行者が道路を横断するための場所であることを示している。　正しい名称	巻末 道路標識・標示一覧表
	解説　図は、歩行者が道路を横断する場所である「横断歩道」の標示です。	

問16 ✕	発進するときに合図をすれば、すぐ後方から車が近づいてきても進路を譲ってくれるので、すぐ発進してよい。　危険	ここで覚える！
	解説　後方から車が近づいてきているときは、発進してはいけません。	

問17 ✕	原動機付自転車でカーブを曲がるときは、車体を外側に傾けるようにする。　内側	P.73 ◎No.81
	解説　カーブの外側に遠心力が作用するため、内側に傾けないと曲がれません。	

問18 ✕	走行中、大地震が発生したので、急ブレーキをかけてその場に停止し、すぐに車から離れた。　状況確認　危険	P.79 ◎No.88
	解説　急ブレーキは避け、ラジオなどで情報を得て、車はできるだけ道路外に移動します。	

問19 ◯	歩行者がいる安全地帯のそばを通るときは徐行しなければならないが、歩行者がいない場合は徐行しなくてもよい。　正しい内容	P.38 ◎No.40
	解説　安全地帯に歩行者がいない場合は、徐行する必要はありません。	

問20 ✕	運転免許証を紛失中であっても、警察に届けておけば車を運転してよい。　違反	ここで覚える！
	解説　免許証不携帯の違反となるので、再交付を受けてから運転します。	

問21 ◯	交差点で対面する信号が赤色の点滅を表示しているときは、必ず停止位置で一時停止して安全を確かめる。　正しい内容	P.13 ◎No.7
	解説　赤色の点滅信号では、停止位置で一時停止して安全を確かめます。	

問22 図は、おもに山間部や橋の上などに設けられている「横風注意」の標識である。

黄

問23 二輪車の曲がり方は、車体を傾けることによって自然にハンドルが切れる要領で行う。

問24 （難問）急カーブや曲がり角では、速度を出して進行すると危険であるから、法定速度で通行する。

問25 大気汚染で光化学スモッグが発生しているときや、発生するおそれのあるときは、原動機付自転車の運転を控える。

問26 二輪車に乗るときは、衣服が風雨にさらされて汚れやすいので、なるべく黒く目立たない服装がよい。

問27 二輪車を降りて押して歩く場合は、エンジンをかけたままであっても、歩道や横断歩道を通行することができる。

問28 駐車とは、車が継続的に停止することや、運転者が車から離れていてすぐに運転できない状態で停止することをいう。

問29 （難問）図の3つの補助標識は、同じ意味を表している。

1 → 　 2 ここまで 　 3 ⊘

問30 道路に面した場所に出入りするため歩道や路側帯を横切る場合で、歩行者がいないときは、必ずしも一時停止の必要はない。

問31 二輪車を運転するときの姿勢は、前かがみになるほど風圧が少なくなるので、そのようにしたほうがよい。

問32 横断や転回が禁止されている一般道路では、後退もすることができない。

問22 ○	図は、おもに山間部や橋の上などに設けられている「横風注意」の標識である。正しい名称	巻末 道路標識・標示一覧表

解説　図の「横風注意」の標識は、道路利用者に横風についての注意を促しています。

問23 ○	二輪車の曲がり方は、車体を傾けることによって自然にハンドルが切れる要領で行う。　　　　　安全な方法	P.73 ◎No.81

解説　ハンドルだけで曲がろうとすると、転倒する危険が高まります。

問24 ×	急カーブや曲がり角では、速度を出して進行すると危険であるから、法定速度で通行する。誤った内容	ここで 覚える！

解説　法定速度が安全とは限らず、その曲がり角に応じた安全な速度で通行します。

問25 ○	大気汚染で光化学スモッグが発生しているときや、発生するおそれのあるときは、原動機付自転車の運転を控える。正しい内容	ここで 覚える！

解説　大気汚染や地球の温暖化を防止するため、原動機付自転車の運転を控えます。

問26 ×	二輪車に乗るときは、衣服が風雨にさらされて汚れやすいので、なるべく黒く目立たない服装がよい。危険	P.28 ◎No.28

解説　視認性を高めるため、なるべく目につきやすい明るい色の服装で運転しましょう。

問27 ×	二輪車を降りて押して歩く場合は、エンジンをかけたままであっても、歩道や横断歩道を通行することができる。エンジン停止	P.40 ◎No.43

解説　エンジンを切って押して歩かなければ、歩道などは通行できません。

問28 ○	駐車とは、車が継続的に停止することや、運転者が車から離れていてすぐに運転できない状態で停止することをいう。正しい意味	P.62 ◎No.72

解説　客待ち、荷待ち、5分を超える荷物の積みおろし、故障なども、駐車に該当します。

問29 ×	図の3つの補助標識は、同じ意味を表している。　違う意味	P.18 ◎No.16

解説　1は「始まり」、2と3は「終わり」を表します。

問30 ×	道路に面した場所に出入りするため歩道や路側帯を横切る場合で、歩行者がいないときは、必ずしも一時停止の必要はない。一時停止が必要	P.34 ◎No.32

解説　人の有無にかかわらず、その直前で必ず一時停止しなければなりません。

問31 ×	二輪車を運転するときの姿勢は、前かがみになるほど風圧が少なくなるので、そのようにしたほうがよい。不適切な姿勢	P.29 ◎No.29

解説　前かがみの姿勢は、視野を狭くしたり運転操作の妨げになったりして危険です。

問32	横断や転回が禁止されている一般道路では、後退もすることができない。　　　　　　　　後退はできる	ここで 覚える！

解説　横断や転回が禁止されているところでも、後退は禁止されていません。

問33 車を運転する者は、運転の技術や知識はもとより、社会人としてのモラルも求められている。

問34 車両通行帯のある道路で、標識や標示によって進行方向ごとに通行区分が指定されているときは、それに従わなければならない。

問35 （難問）図の標識のあるところでは、普通自動車だけ軌道敷内を通行することができる。

問36 （難問）他の車の直後を進行するときは、その車の動きがよく見えるように、前照灯を上向きにする。

問37 自動車や原動機付自転車を運転するときは、2時間に1回程度は休息をとり、長時間続けて運転しないようにする。

問38 交差点で横の信号が赤色のときは、対面する前方の信号は必ず青色である。

問39 原動機付自転車は手軽な乗り物なので、四輪車と違い、あまり運転技術を必要としない。

問40 原動機付自転車を運転するときは、自動車損害賠償責任保険証明書または責任共済証明書を備えつけていなければならない。

問41 交通整理の行われていない交差点で、狭い道路から広い道路へ入ろうとするときは、徐行しなければならない。

問42 原動機付自転車は、図の標識のある道路を通行することができる。

問43 （難問）原動機付自転車を追い越そうとしている普通自動車を追い越す行為は、二重追い越しにはならない。

問33 ⭕

車を運転する者は、運転の技術や知識はもとより、社会人としての
モラルも求められている。 正しい内容

> **ここで覚える！**

解説 人や車が安全に通行するため、運転者には社会人としてのモラルも必要です。

問34 ⭕

車両通行帯のある道路で、標識や標示によって進行方向ごとに通行
区分が指定されているときは、それに従わなければならない。 正しい内容

> **ここで覚える！**

解説 「進行方向別通行区分」に従って通行しなければなりません。

問35 ❌

図の標識のあるところでは、普通自動車だけ軌道
敷内を通行することができる。 だけではない

> **巻末**
> 道路標識・標示一覧表

解説 図は「軌道敷内通行可」ですが、自動車はすべて軌道敷内を通行できます。

問36 ❌

他の車の直後を進行するときは、その車の動きがよく見えるように、
前照灯を上向きにする。 下向き

> **P.74**
> ⦿ No.82

解説 前の車の運転者がまぶしくないように、前照灯を下向きに切り替えます。

問37 ⭕

自動車や原動機付自転車を運転するときは、2時間に1回程度は休
息をとり、長時間続けて運転しないようにする。 正しい行動

> **P.9**
> ⦿ No.3

解説 長時間運転するときは、少なくとも2時間に1回程度は運転をやめて疲れをとります。

問38 ❌

交差点で横の信号が赤色のときは、対面する前方の信号は必ず青色
である。 誤った内容

> **P.15**
> ⦿ No.9

解説 横が赤信号でも正面が青信号とは限りません。すべて赤信号の場合もあります。

問39 ❌

原動機付自転車は手軽な乗り物なので、四輪車と違い、あまり運転
技術を必要としない。 運転技術が必要

> **ここで覚える！**

解説 停止すると安定性が失われる特性があるので、四輪車と違った運転技術が必要です。

問40 ⭕

原動機付自転車を運転するときは、自動車損害賠償責任保険証明書
または責任共済証明書を備えつけていなければならない。 義務

> **P.8**
> ⦿ No.2

解説 運転中は、強制保険の証明書を車に備えつけておかなければなりません。

問41 ⭕

交通整理の行われていない交差点で、狭い道路から広い道路へ入ろ
うとするときは、徐行しなければならない。 正しい行為

> **P.59**
> ⦿ No.68

解説 徐行して、広い道路を通行する車の進行を妨げてはいけません。

問42 ❌

原動機付自転車は、図の標識のある道路を通行す
ることができる。 できない

> **P.35**
> ⦿ No.32

解説 「歩行者専用」の標識がある道路は、とくに通行が認められた車しか通行できません。

問43 ⭕

原動機付自転車を追い越そうとしている普通自動車を追い越す行為
は、二重追い越しにはならない。 正しい内容

> **P.53**
> ⦿ No.62

解説 自動車を追い越そうとしている車を追い越す行為が二重追い越しです。

問44

踏切の先が混雑しているときは、踏切内に入らないようにする。

問45

子どもが数人、車の前方の道路を横断し終わったが、別の子どもが左側にいて横断を始めるかもしれないので、前もって警音器を鳴らした。

問46

霧の中を走行するときは、見通しをよくするため、前照灯を上向きにしたほうがよい。

問47

時速20キロメートルで進行しています。後続車が追い越しをしようとしているときは、どのようなことに注意して運転しますか？

(1) 後続車は前の車との間に入ってくるので、やや加速して前の車との車間距離をつめて進行する。

(2) 対向車が近づいており追い越しは危険なので、やや加速して右側に寄って、追い越しをさせないようにする。

(3) 対向車が近づいており、後続車は自分の車の前に入ってくるかもしれないので、速度を落とし、前の車との車間距離をあける。

問48

時速20キロメートルで進行しています。交差点を直進するときは、どのようなことに注意して運転しますか？

(1) 自分の車の進路はあいていて、とくに危険はないと思うので、このままの速度で進行する。

(2) トラックが急に左折して巻き込まれるかもしれないので、このまま進行しないで、トラックの後ろを追従する。

(3) トラックのかげから対向車が右折してくるかもしれないので、このまま進行しないで、トラックが交差点を通過するのを待つ。

問44 ○ 踏切の先が混雑しているときは、踏切内に入らないようにする。
進入禁止
P.35 ◎No.33
解説 踏切の中で止まってしまうおそれのあるときは、踏切内に進入してはいけません。

問45 × 子どもが数人、車の前方の道路を横断し終わったが、別の子どもが左側にいて横断を始めるかもしれないので、前もって警音器を鳴らした。
不適切な行動
P.46 ◎No.54
解説 警音器を鳴らさずに、いつでも止まれる速度で進行します。

問46 × 霧の中を走行するときは、見通しをよくするため、前照灯を上向きにしたほうがよい。
下向き
P.75 ◎No.83
解説 前照灯を上向きにすると、光が乱反射してかえって見通しが悪くなります。

問47
(1) × 後続車は前の車との間に入ってくるので、やや加速して前の車との車間距離をつめて進行する。
危険な行為
解説 車間距離をつめると、前車に追突するおそれがあります。

(2) × 対向車が近づいており追い越しは危険なので、やや加速して右側に寄って、追い越しをさせないようにする。
危険な行為
解説 速度を落として、安全に追い越しをさせます。

(3) ○ 対向車が近づいており、後続車は自分の車の前に入ってくるかもしれないので、速度を落とし、前の車との車間距離をあける。
安全な行為
解説 後続車のことを考慮して速度を落とし、車間距離をあけます。

問48
(1) × 自分の車の進路はあいていて、とくに危険はないと思うので、このままの速度で進行する。
危険な判断
危険な行為
解説 トラックに巻き込まれたり、右折車と衝突するおそれがあります。

(2) ○ トラックが急に左折して巻き込まれるかもしれないので、このまま進行しないで、トラックの後ろを追従する。
安全な行為
解説 トラックに巻き込まれるおそれがあるので、後ろを追従します。

(3) ○ トラックのかげから対向車が右折してくるかもしれないので、このまま進行しないで、トラックが交差点を通過するのを待つ。
安全な行為
解説 このまま進むと右折車が進行してきて衝突するおそれがあります。

139

模擬テスト 第6回

それぞれの問題について、正しいものには「○」、誤っているものには「×」で答えなさい。

本試験制限時間：**30**分　　合格点：**45**点以上

問 1
長い下り坂を走行中にブレーキが効かなくなったときは、ギアをニュートラルにするとよい。

問 2
タイヤにウェアインジケーター（摩擦限度表示）が現れても、雨の日以外はスリップの心配はない。

問 3
走行中、地震に関する警戒宣言が発せられて車を置いて避難するときは、できるだけ道路外に停止させる。

問 4
横断歩道のすぐ手前に駐停車をしてはならないが、すぐ向こう側での駐停車は禁止されていない。

問 5 難問
図の標識のある通行帯を路線バスが通行している場合、それ以外の車は通行することができない。

問 6
自動車は歩行者用道路を通行できないが、軽車両や原動機付自転車は通行することができる。

問 7
道路の曲がり角付近、上り坂の頂上付近、こう配の急な下り坂は、徐行場所であるとともに、追い越し禁止場所である。

問 8
標識とは、交通の規制などを示す標示板のことをいい、本標識と補助標識の2種類がある。

問 9
警察官が腕を垂直に上げているとき、警察官の正面に対面する交通は停止して、他の交通は注意して進むことができる。

問 10 難問
図の標示のあるところに車を止め、5分以内で荷物の積みおろしを行った。

黄

PART 2
実力判定 模擬テスト

を当てながら解いていこう。間違えたらポイントを再チェック！ 解説文もしっかり確認！

正解	ポイント解説	配点 問1〜46 各1点／問47・48 各2点（3問とも正解の場合）

問1 ✗
長い下り坂を走行中にブレーキが効かなくなったときは、ギアをニュートラルにするとよい。危険な行為

解説 低速ギアに入れて、エンジンブレーキを使用します。

P.78
⊛No.87

問2 ✗
タイヤにウェアインジケーター（摩擦限度表示）が現れても、雨の日以外はスリップの心配はない。スリップのおそれあり

解説 雨の日以外でもスリップするおそれがあるので、タイヤを交換します。

ここで
覚える！

問3 ○
走行中、地震に関する警戒宣言が発せられて車を置いて避難するときは、できるだけ道路外に停止させる。 正しい行為

解説 緊急車両の通行を妨げないように、できるだけ道路外に停止させます。

P.79
⊛No.88

問4 ✗
横断歩道のすぐ手前に駐停車をしてはならないが、すぐ向こう側での駐停車は禁止されていない。禁止されている

解説 横断歩道と、その端から前後5メートル以内は駐停車禁止です。

P.64〜65
⊛No.74

問5 ✗
図の標識のある通行帯を路線バスが通行している場合、それ以外の車は通行することができない。できる

解説 「路線バス等優先通行帯」は、軽車両、原動機付自転車、小型特殊自動車も通行できます。

P.37
⊛No.38

問6 ✗
自動車は歩行者用道路を通行できないが、軽車両や原動機付自転車は通行することができる。できない

解説 歩行者用道路は、とくに通行を認められた車しか通行できません。

P.35
⊛No.32

問7 ○
道路の曲がり角付近、上り坂の頂上付近、こう配の急な下り坂は、徐行場所であるとともに、追い越し禁止場所である。
指定場所

解説 設問の場所は、徐行場所であり、追い越し禁止場所でもあります。

P.43 ⊛No.49
P.54-55
⊛No.63

問8 ○
標識とは、交通の規制などを示す標示板のことをいい、本標識と補助標識の2種類がある。 正しい内容

解説 標識には、本標識と補助標識の2種類があります。

P.16
⊛No.11

問9 ✗
警察官が腕を垂直に上げているとき、警察官の正面に対面する交通は停止して、他の交通は注意して進むことができる。できない

解説 身体の正面に平行する交通に対しては、黄色の灯火信号と同じ意味です。

P.14
⊛No.8

問10 ✗
図の標示のあるところに車を止め、5分以内で荷物の積みおろしを行った。
違反

解説 図は「駐停車禁止」の標示で、5分以内の荷物の積みおろしの「停車」もできません。

P.62 ⊛No.72
P.64-65
⊛No.74

第6回

141

問 11 止まっている通学・通園バスのそばを通るとき、保母が児童に付き添っていたので、徐行しないで側方を通過した。

問 12 夜間は、昼間に比べて視界がきわめて悪く、歩行者や自転車などが見えにくく発見が遅れるので、昼間より速度を落として運転する。

問 13 車は急に止まれないので、前車との距離や速度を考えて運転しなければならない。

難問 問 14 こう配の急な下り坂と上り坂は、ともに駐停車禁止の場所である。

問 15 図の標識のあるところでは、この先で左方から進入してくる車があるかもしれないので、十分注意して通行しなければならない。

黄

難問 問 16 図のB車は、前後や左前方の見通しがよく安全を確かめれば、追い越しを始めてもよい。

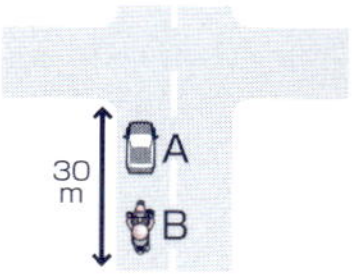

30m A B

問 17 原動機付自転車を運転するときは、ブレーキをかけたときに身体が前のめりにならないように、正しい乗車姿勢を保つようにする。

問 18 車の所有者は、酒を飲んでいる人や無免許の人に車を貸してはならない。

問 19 右左折などの合図は、その行為が終わるまで続け、その行為が終わったあとは、すみやかにやめなければならない。

問 20 遠心力や制動距離は速度に比例するので、速度が2倍になれば、遠心力や制動距離は2倍になる。

問 21 交通規則にないことは運転者の自由であるから、自分本位の判断で運転すればよい。

PART 2 実力判定 **模擬テスト**

問 11 ✕

止まっている通学・通園バスのそばを通るとき、保母が児童に付き添っていたので、徐行しないで側方を通過した。徐行が必要

P.40
⊙ No.44

解説 停止中の通学・通園バスのそばを通るときは、徐行しなければなりません。

問 12 ○

夜間は、昼間に比べて視界がきわめて悪く、歩行者や自転車などが見えにくく発見が遅れるので、昼間より速度を落として運転する。

ここで
覚える！

解説 夜間は、昼間に比べて視界が悪いので、昼間より速度を落として運転します。 安全な行為

問 13 ○

車は急に止まれないので、前車との距離や速度を考えて運転しなければならない。 正しい行為

P.44
⊙ No.51

解説 前車との距離や速度を考えた車間距離を保って運転します。

問 14 ○

こう配の急な下り坂と上り坂は、ともに駐停車禁止の場所である。 正しい内容

P.64～65
⊙ No.74

解説 こう配の急な坂は、上りも下りも駐停車禁止場所に指定されています。

問 15 ○

図の標識のあるところでは、この先で左方から進 正しい 入してくる車があるかもしれないので、十分注意 して通行しなければならない。

巻末
道路標識・標示一覧表

解説 図は「合流交通あり」の標識で、左方から進入してくる車に注意して運転します。

問 16 ○

図のB車は、前後や左前方の見通しがよく安全を確かめれば、追い越しを始めてもよい。 追い越し可

P.54～55
⊙ No.63

解説 優先道路を通行している場合は、交差点付近でも追い越しができます。

問 17 ○

原動機付自転車を運転するときは、ブレーキをかけたときに身体が前のめりにならないように、正しい乗車姿勢を保つようにする。

P.29
⊙ No.29

解説 ブレーキをかけても前のめりにならないような正しい乗車姿勢を保ちます。 正しい内容

問 18 ○

車の所有者は、酒を飲んでいる人や無免許の人に車を貸してはならない。 正しい内容

P.9
⊙ No.3

解説 設問のような責任は、車の所有者にも問われる場合があります。

問 19 ○

右左折などの合図は、その行為が終わるまで続け、その行為が終わったあとは、すみやかにやめなければならない。 正しい内容

P.47
⊙ No.56

解説 右左折などの合図は、その行為が終わったらすみやかにやめなければなりません。

問 20 ✕

遠心力や制動距離は速度に比例するので、速度が2倍になれば、遠心力や制動距離は2倍になる。 誤り

P.27
⊙ No.27

解説 遠心力や制動距離は速度の二乗に比例するので、4倍になります。

問 21 ✕

交通規則にないことは運転者の自由であるから、自分本位の判断で運転すればよい。 危険な行為

ここで
覚える！

解説 自分本位の判断で運転するのは危険です。

第6回

143

問22 夜間走行中、自分の車と対向車のライトの影響で道路の中央付近の歩行者が見えなくなることがあるが、これを蒸発現象という。

問23 二輪車でカーブを走行するときは、その手前で速度を落とし、カーブの後半では、前方の確認をしてからやや加速するようにする。

問24 後車に追い越されているときは、追い越しが終わるまで速度を上げてはならない。

問25 二輪車を運転するときのヘルメットは、自転車用のヘルメットでもかまわない。

問26 原動機付自転車でブレーキをかけるときは、エンジンブレーキを効かせながら、前輪および後輪のブレーキを同時に使用する。

問27 交通事故で負傷者がいる場合は、どんなけがであっても、救急車が到着するまでの間はそのままにしておいたほうがよい。

問28 水たまりのある道路で泥や水をはねて歩行者に迷惑をかけるおそれがあるときは、徐行するなどして注意して通行しなければならない。

難問 問29 図の標示は、標示のある道路が優先道路であることを表している。

問30 標識や標示で最高速度が指定されていない道路での原動機付自転車の最高速度は、時速40キロメートルである。

問31 手による合図は、まぎらわしいので避けるべきである。

難問 問32 緊急の用務で運転していない救急自動車は、緊急自動車にはならない。

PART 2 実力判定 **模擬テスト**

問 22 ⭕

夜間走行中、自分の車と対向車のライトの影響で道路の中央付近の歩行者が見えなくなることがあるが、これを蒸発現象という。正しい内容

ここで覚える！

解説 「蒸発現象」は、ライトが交わり、歩行者が一時的に見えなくなる現象です。

問 23 ⭕

二輪車でカーブを走行するときは、その手前で速度を落とし、カーブの後半では、前方の確認をしてからやや加速するようにする。正しい内容

P.73 ⊕ No.81

解説 カーブには減速して入り、後半でやや加速します。

問 24 ⭕

後車に追い越されているときは、追い越しが終わるまで速度を上げてはならない。安全な行為

ここで覚える！

解説 追い越しが終わるまで加速せずに、安全に追い越しができるようにします。

問 25 ❌

二輪車を運転するときのヘルメットは、自転車用のヘルメットでもかまわない。不適切

P.28 ⊕ No.28

解説 自転車用のヘルメットは十分な強度がないので、運転してはいけません。

問 26 ⭕

原動機付自転車でブレーキをかけるときは、エンジンブレーキを効かせながら、前輪および後輪のブレーキを同時に使用する。正しい行為

P.45 ⊕ No.53

解説 二輪車のブレーキは、前後輪ブレーキを同時に操作するのが基本です。

問 27 ❌

交通事故で負傷者がいる場合は、どんなけがであっても、救急車が到着するまでの間はそのままにしておいたほうがよい。適切な処置をする

P.76 ⊕ No.84

解説 医師や救急車が到着するまでの間、止血など可能な応急救護処置を行います。

問 28 ⭕

水たまりのある道路で泥や水をはねて歩行者に迷惑をかけるおそれがあるときは、徐行するなどして注意して通行しなければならない。正しい行為

ここで覚える！

解説 泥や水をはねるなどして、歩行者に迷惑をかけてはいけません。

問 29 ❌

図の標示は、標示のある道路が優先道路であることを表している。前方が優先道路

巻末 道路標識・標示一覧表

解説 「前方優先道路」の標示で、交差する前方の道路が優先道路です。

問 30 ❌

標識や標示で最高速度が指定されていない道路での原動機付自転車の最高速度は、時速40キロメートルである。30

P.42 ⊕ No.47

解説 原動機付自転車の法定速度は、時速30キロメートルです。

問 31 ❌

手による合図は、まぎらわしいので避けるべきである。状況に応じて行う

P.47 ⊕ No.56

解説 夕日の反射などで方向指示器が見えにくいときは、手による合図を行います。

問 32 ⭕

緊急の用務で運転していない救急自動車は、緊急自動車にはならない。対象外

P.36 ⊕ No.34

解説 緊急自動車になるのは、サイレンを鳴らすなど緊急の用務の救急自動車です。

第6回

問33 信号機の青色の灯火は「進め」の意味なので、前方の交通に関係なく、すぐに発進しなければならない。

問34 進路の前方に障害物があるときは、あらかじめ一時停止か減速をして、対向車に道を譲る。

問35 図の標識のある道路は、自動車はもちろん、原動機付自転車や軽車両も通行できない。

難問 問36 舗装道路では、雨の降り始めが最も滑りやすい。

問37 車とは、自動車と原動機付自転車のことをいい、自転車は車に含まれない。

問38 正面の信号が黄色の灯火のときは、車は他の交通に注意しながら進むことができる。

問39 二輪車でカーブを曲がるとき、車体を傾けると転倒や横滑りしやすいので、車体を傾けないでハンドルを切るほうが安全である。

問40 自動車を駐停車するとき、アイドリングストップをしても地球温暖化の防止にはつながらない。

問41 停車とは、駐車に当たらない車の短時間の停止をいう。

問42 図の標識は、「進行方向別通行区分」を表している。

難問 問43 交通が渋滞しているときであっても、「停止禁止部分」の中に停止してはならない。

PART 2 実力判定 **模擬テスト**

問33 ✕
信号機の青色の灯火は「進め」の意味なので、前方の交通に関係なく、すぐに発進しなければならない。進んでよい
誤った内容
解説 交差点内で止まるおそれがあるときは、青信号でも進んではいけません。

ここで
覚える！

問34 ◯
進路の前方に障害物があるときは、あらかじめ一時停止か減速をして、対向車に道を譲る。正しい行為
解説 障害物のある側の車が一時停止か減速をして、対向車に道を譲ります。

P.51
⊕No.59

問35 ◯
図の標識のある道路は、自動車はもちろん、原動機付自転車や軽車両も通行することができない。通行禁止場所
解説 図は「車両通行止め」で、車（車両）は通行できません。

P.35
⊕No.32

問36 ◯
舗装道路では、雨の降り始めが最も滑りやすい。
正しい内容
解説 雨の降り始めは、路面のほこりなどが浮いて滑りやすくなります。

P.75
⊕No.83

問37 ✕
車とは、自動車と原動機付自転車のことをいい、自転車は車に含まれない。含まれる
解説 自動車、原動機付自転車、自転車などの軽車両が車になります。

P.84
交通用語

問38 ✕
正面の信号が黄色の灯火のときは、車は他の交通に注意しながら進むことができる。できない
解説 安全に停止できないときを除き、車は停止位置から先へ進んではいけません。

P.12
⊕No.7

問39 ✕
二輪車でカーブを曲がるとき、車体を傾けると転倒や横滑りしやすいので、車体を傾けないでハンドルを切るほうが安全である。危険
解説 ブレーキをかけながらハンドルを切るのは、転倒などのおそれがあって危険です。

P.73
⊕No.81

問40 ✕
自動車を駐停車するとき、アイドリングストップをしても地球温暖化の防止にはつながらない。誤った内容
解説 環境に有害な排出ガスが削減できるので、地球温暖化の防止につながります。

ここで
覚える！

第6回

問41 ◯
停車とは、駐車に当たらない車の短時間の停止をいう。
正しい内容
解説 停車とは設問のとおりで、人の乗り降りや5分以内の荷物の積みおろしも停車です。

P.62
⊕No.72

問42 ◯
図の標識は、「進行方向別通行区分」を表している。
正しい名称
解説 図は、交差点で進行する方向別の通行区分を表す標識です。

巻末
道路標識・標示一覧表

問43 ◯
交通が渋滞しているときであっても、「停止禁止部分」の中に停止してはならない。停止禁止
解説 道路の状況にかかわらず、「停止禁止部分」の中で停止してはいけません。

P.35
⊕No.33

147

問44 待避所がある坂道で行き違う場合は、上り下りに関係なく、待避所に近い車が先に入って道を譲るのが交通のマナーである。

問45 車両通行帯のある道路で追い越しをするときは、その通行している車両通行帯の直近の右側の車両通行帯を通行しなければならない。

問46 二輪車を運転するときはヘルメットをかぶらなければならないが、ちょっと近くまで買い物に行くときはかぶらなくてもよい。

問47 時速30キロメートルで進行しています。どのようなことに注意して運転しますか？

(1) 歩行者がバスに乗ろうとして進路の直前を横断するかもしれないので、速度を落としてその動きに注意しながら進行する。

(2) 歩行者は自車に気づいていないと思われるので、警音器を鳴らして進行する。

(3) バスのかげから対向車が出てくるかもしれないので、バスの手前で止まれるように速度を落として進行する。

問48 時速20キロメートルで進行しています。対向車線が渋滞しているときは、どのようなことに注意して運転しますか？

(1) 急に減速すると、後続車があるため追突されるおそれがあるので、ブレーキを数回に分けてかけ、後続車に停止を促す。

(2) 対向車が突然右折するかもしれないので、その動きに注意して進行する。

(3) 歩行者は、右側の車のかげからも横断するかもしれないので、徐々に速度を落とし、交差点の手前で一時停止する。

問44 ○

待避所がある坂道で行き違う場合は、上り下りに関係なく、待避所に近い車が先に入って道を譲るのが交通のマナーである。正しい内容

P.72
◎ No.80

解説 待避所に近い車がそこに入って反対方向の車に道を譲ります。

問45 ○

車両通行帯のある道路で追い越しをするときは、その通行している車両通行帯の直近の右側の車両通行帯を通行しなければならない。正しい内容

ここで
覚える！

解説 原則として、直近の右側の車両通行帯を通行して追い越します。

問46 ✕

二輪車を運転するときはヘルメットをかぶらなければならないが、ちょっと近くまで買い物に行くときはかぶらなくてもよい。違反

P.28
◎ No.28

解説 二輪車を運転するときは、必ずヘルメットをかぶらなければなりません。

問47

(1) ○

歩行者がバスに乗ろうとして進路の直前を横断するかもしれないので、速度を落としてその動きに注意しながら進行する。
安全な行為

解説 左側の歩行者の動きに注意して、速度を落とします。

(2) ✕

歩行者は自車に気づいていないと思われるので、警音器を鳴らして進行する。
誤った行為

解説 警音器は鳴らさずに、速度を落として進行します。

(3) ○

バスのかげから対向車が出てくるかもしれないので、バスの手前で止まれるように速度を落として進行する。
安全な行為

解説 そのまま進むと、バスのかげから対向車が出てきて衝突するおそれがあります。

問48

(1) ○

急に減速すると、後続車があるため追突されるおそれがあるので、ブレーキを数回に分けてかけ、後続車に停止を促す。
安全な行為

解説 後続車に注意しながら、速度を落とします。

(2) ○

対向車が突然右折するかもしれないので、その動きに注意して進行する。
安全な行為

解説 対向車の動きに注意しながら進行します。

(3) ○

歩行者は、右側の車のかげからも横断するかもしれないので、徐々に速度を落とし、交差点の手前で一時停止する。
安全な行為

解説 車のかげで歩行者の横断が見えないおそれがあります。

模擬テスト 第7回

それぞれの問題について、正しいものには「○」、誤っているものには「×」で答えなさい。

本試験制限時間：**30**分　　合格点：**45**点以上

問 1　昼間であっても、50メートル先が見えないときは、ライトをつけなければならない。

問 2　ドライブをするときは、細かい計画を立てず、その場の状況に応じて運転したほうが、時間のむだをなくすことができる。

問 3　任意保険に加入すると安心して運転し事故を起こしやすいので、任意保険にはできるだけ加入しないほうがよい。

問 4　横断歩道のない道路を横断している歩行者に対しては、車のほうが優先する。

問 5（難問）　図の標識と標示は、同じ意味である。

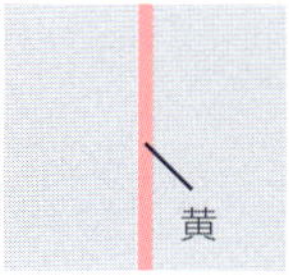

問 6　二輪車の乗車姿勢は、両ひざを開き、足先が外側を向くようにしたほうがよい。

問 7　道路の左側部分の幅が通行するのに十分でないところでは、右側部分にはみ出して通行することができる。

問 8　青信号の交差点に入ろうとしたとき、警察官が「止まれ」の指示をしたので、交差点の直前で停止した。

問 9　車の右側の道路上に3.5メートル以上の余地がない場所では、原則として駐車することができない。

問 10　図のような手による合図は、徐行または停止することを表す。

150

■を当てながら解いていこう。間違えたらポイントを再チェック！　解説文もしっかり確認！

PART 2 実力判定 **模擬テスト**

| 正解 | ポイント解説 | 配点　問1〜46　各1点／問47・48　各2点（3問とも正解の場合） |

問1 ○

昼間であっても、50メートル先が見えないときは、ライトをつけなければならない。　正しい内容

解説　50メートル先が見えないときは、昼間でもライトをつけます。

P.74　⊕No.82

問2 ×

ドライブをするときは、細かい計画を立てず、その場の状況に応じて運転したほうが、時間のむだをなくすことができる。　誤った内容

解説　あらかじめ走行コースや休息場所など、ゆとりのある計画を立てます。

ここで覚える！

問3 ×

任意保険に加入すると安心して運転し事故を起こしやすいので、任意保険にはできるだけ加入しないほうがよい。　できるだけ加入する

解説　万一のときに備え、任意保険に加入しておいたほうが安心です。

ここで覚える！

問4 ×

横断歩道のない道路を横断している歩行者に対しては、車のほうが優先する。　歩行者優先

解説　横断歩道のない道路でも、横断する歩行者の通行を妨げてはいけません。

ここで覚える！

問5 ×

図の標識と標示は、同じ意味である。　意味は異なる

解説　標識は「追越し禁止」、標示は「追越しのための右側部分はみ出し通行禁止」です。

P.56　⊕No.65

問6 ×

二輪車の乗車姿勢は、両ひざを開き、足先が外側を向くようにしたほうがよい。　誤り　内側

解説　両ひざでタンクを締め（ニーグリップ）、足先はまっすぐ前方に向けます。

P.29　⊕No.29

問7 ○

道路の左側部分の幅が通行するのに十分でないところでは、右側部分にはみ出して通行することができる。　正しい内容

解説　通行するのに十分な幅がないところでは、右側部分にはみ出せます。

P.33　⊕No.31

問8 ○

青信号の交差点に入ろうとしたとき、警察官が「止まれ」の指示をしたので、交差点の直前で停止した。　正しい位置

解説　交差点の直前（横断歩道や自転車横断帯ではその直前）で停止します。

P.15　⊕No.9・10

問9 ○

車の右側の道路上に3.5メートル以上の余地がない場所では、原則として駐車することができない。　正しい内容

解説　駐車するときは、原則として車の右側の道路上に3.5メートル以上の余地が必要です。

P.66　⊕No.75

問10 ○

図のような手による合図は、徐行または停止することを表す。　正しい意味

解説　腕を斜め下に伸ばす合図は、徐行または停止をすることを表しています。

P.47　⊕No.56

第7回

151

難問 問 11

自転車に乗った人が自転車横断帯を横断しようとしているときは、その自転車横断帯の手前で徐行しなければならない。

難問 問 12

夜間、商店街などで交通量が多く明るいときは、前照灯などをつけなくてもよい。

問 13

原動機付自転車の法定速度は、時速 30 キロメートルである。

問 14

自動車は一方通行の道路を逆方向に進むことはできないが、原動機付自転車は車体が小さいので逆方向に進むことができる。

問 15

図の標識のあるところでは、動物が飛び出すおそれがあるので、十分注意して運転する。

黄

問 16

原動機付自転車を運転中、四輪車から見える位置にいれば、四輪車から見落とされることはない。

問 17

二輪車を運転するときは、身体の露出がなるべく少なくなるような服装をし、できるだけプロテクターを着用するとよい。

問 18

右折と転回の合図の方法は、同じである。

問 19

曲がり角やカーブでは、ブレーキをかけながらハンドルを切るとよい。

問 20

交通整理を行っている警察官が両腕を横に水平に上げているとき、その背に対面した車は、直進はできないが右左折はしてよい。

問 21

雨の日は視界が悪く路面が滑りやすいので、晴れの日よりも速度を落とし、車間距離を長めにとって運転することが大切である。

152

問11 ✕

自転車に乗った人が自転車横断帯を横断しようとしているときは、その自転車横断帯の手前で徐行しなければならない。一時停止

P.39
◎ No.42

解説 徐行ではなく、自転車横断帯の手前で一時停止しなければなりません。

問12 ✕

夜間、商店街などで交通量が多く明るいときは、前照灯などをつけなくてもよい。違反

P.74
◎ No.82

解説 夜間は交通量や明るさに関係なく、前照灯をつけなければなりません。

問13 ◯

原動機付自転車の法定速度は、時速30キロメートルである。正しい数字

P.42
◎ No.47

解説 標識などで最高速度が指定されていない場合は、時速30キロメートルです。

問14 ✕

自動車は一方通行の道路を逆方向に進むことはできないが、原動機付自転車は車体が小さいので逆方向に進むことができる。進めない

巻末
道路標識・標示一覧表

解説 一方通行の道路では、原動機付自転車も逆方向に進んではいけません。

問15 ◯

図の標識のあるところでは、動物が飛び出すおそれがあるので、十分注意して運転する。正しい意味

巻末
道路標識・標示一覧表

解説 図の標識は「動物が飛び出すおそれあり」を表します。

問16 ✕

原動機付自転車を運転中、四輪車から見える位置にいれば、四輪車から見落とされることはない。誤った判断

ここで
覚える！

解説 四輪車のドライバーが気づかなければ、見落とされることがあります。

問17 ◯

二輪車を運転するときは、身体の露出がなるべく少なくなるような服装をし、できるだけプロテクターを着用するとよい。正しい服装

P.28
◎ No.28

解説 転倒時に身を守るため、体の露出が少ない服装をし、プロテクターを着用します。

問18 ◯

右折と転回の合図の方法は、同じである。
右折の合図＝転回の合図

P.47
◎ No.56

解説 右折と転回の合図は同じ方法で、30メートル手前の地点から行います。

問19 ✕

曲がり角やカーブでは、ブレーキをかけながらハンドルを切るとよい。危険

P.73
◎ No.81

解説 ブレーキをかけながらハンドルを切るのは、転倒などのおそれがあって危険です。

問20 ✕

交通整理を行っている警察官が両腕を横に水平に上げているとき、その背に対面した車は、直進はできないが右左折はしてよい。右左折も禁止

P.14
◎ No.8

解説 赤色の信号と同じ意味なので、直進や右左折はできません。

問21 ◯

雨の日は視界が悪く路面が滑りやすいので、晴れの日よりも速度を落とし、車間距離を長めにとって運転することが大切である。安全な行為

P.75
◎ No.83

解説 雨の日は晴れの日よりも速度を落とし、車間距離を長めにとります。

難問 問22 図の標識は、この先に児童などが横断する横断歩道があることを表している。

黄

問23 夜間、二輪車を運転するときは、反射性の衣服や反射材のついた乗車用ヘルメットを着用したほうがよい。

問24 交差点で左折する大型自動車の直後を走行する原動機付自転車は、巻き込まれないように十分注意しなければならない。

問25 車が進路を変えずに進行中の前の車の前方に出る行為を、追い越しという。

問26 原動機付自転車でブレーキをかけるときは、前輪ブレーキは危険であるからあまり使わず、主として後輪ブレーキを使うのがよい。

問27 大地震が起きた場合は、できるだけ安全な方法で停止して、エンジンを止める。

問28 路線バス等の専用通行帯であっても、小型特殊自動車、原動機付自転車、軽車両は通行することができる。

問29 図の信号機の信号と、矢印方向から進行する警察官の手信号や灯火信号は同じ意味である。

問30 不必要な合図は、他の交通に迷いを与えることになり、危険を高めることになる。

問31 二輪車で減速するとき、ギアをトップからローに入れると、エンジンを傷めたり転倒したりするので、順序よくシフトダウンする。

問32 携帯電話は、突然かかってくるとベルの音に気をとられて運転を誤ることにつながるので、運転前に電源を切った。

問 22 ✕

図の標識は、この先に児童などが横断する横断歩道があることを表している。　誤った内容

巻末
道路標識・標示一覧表

解説 図の標識は「学校、幼稚園、保育所などあり」を表します。

問 23 ◯

夜間、二輪車を運転するときは、反射性の衣服や反射材のついた乗車用ヘルメットを着用したほうがよい。　安全な装具

P.28
◉No.28

解説 他の運転者から発見されやすいような服装や装備で運転します。

問 24 ◯

交差点で左折する大型自動車の直後を走行する原動機付自転車は、巻き込まれないように十分注意しなければならない。　危険回避

P.60
◉No.69

解説 大型自動車の直後は、巻き込まれにとくに注意が必要です。

問 25 ✕

車が進路を変えずに進行中の前の車の前方に出る行為を、追い越しという。　追い抜き

P.52
◉No.60

解説 進路を変えて進行中の前車の前に出る行為が追い越しです。

問 26 ✕

原動機付自転車でブレーキをかけるときは、前輪ブレーキは危険であるからあまり使わず、主として後輪ブレーキを使うのがよい。
どちらも使う

P.45
◉No.53

解説 二輪車は、前後輪ブレーキを同時にかけるのが基本です。

問 27 ◯

大地震が起きた場合は、できるだけ安全な方法で停止して、エンジンを止める。　正しい内容

P.79
◉No.88

解説 急ブレーキなどは避け、できるだけ安全な方法で停止します。

問 28 ◯

路線バス等の専用通行帯であっても、小型特殊自動車、原動機付自転車、軽車両は通行することができる。　正しい内容

P.37
◉No.37

解説 設問の車は、路線バス等の専用通行帯を通行できます。

問 29 ◯

図の信号機の信号と、矢印方向から進行する警察官の手信号や灯火信号は同じ意味である。　3つとも同じ

P.12
◉No.7
P.14
◉No.8

解説 3つともに信号機の赤色の灯火と同じ意味を表します。

問 30 ◯

不必要な合図は、他の交通に迷いを与えることになり、危険を高めることになる。　禁止行為

ここで
覚える！

解説 他の交通に迷いを与えるような合図をしてはいけません。

問 31 ◯

二輪車で減速するとき、ギアをトップからローに入れると、エンジンを傷めたり転倒したりするので、順序よくシフトダウンする。
正しい操作

ここで
覚える！

解説 減速するときは、順序よくシフトダウンするようにします。

問 32 ◯

携帯電話は、突然かかってくるとベルの音に気をとられて運転を誤ることにつながるので、運転前に電源を切った。　正しい内容

P.9
◉No.3

解説 運転前に電源を切るか、音が鳴らないようにしておきます。

難問 **問33** □ □ 正面の信号が黄色の灯火のときは、車は他の交通に注意しながら進むことができる。

問34 □ □ 進路を変更すると、後車が急ブレーキや急ハンドルで避けなければならないようなときは、進路変更してはならない。

難問 **問35** □ □ 図の標識は、道路の幅が6メートルあれば駐車してもよいという意味である。

駐車余地6m

問36 □ □ 踏切用の信号が青色のときは、安全を確かめれば踏切の手前で一時停止しなくてもよい。

問37 □ □ 風で飛散しやすい物を運搬するときは、車種を問わず、シートをかけるなどして飛び散らないようにしなければならない。

問38 □ □ 信号機の黄色の灯火の矢印は路面電車専用であるから、自動車や原動機付自転車は矢印の方向に進んではならない。

問39 □ □ 二輪車で四輪車の側方を通行しているときは、四輪車の死角に入り四輪の運転者に存在を気づかれていないことがあるので注意する。

問40 □ □ 制動距離、遠心力、衝撃力は、速度が2倍になれば、これらに働く力は2倍になるのではなく、すべて4倍になる。

問41 □ □ 道路を安全に通行するためには、警音器をできるだけ多く使ったほうがよい。

問42 □ □ 図の標示のある道路では、指定された車および小型特殊自動車、原動機付自転車、軽車両を除く車は、原則として7時〜9時に通行してはならない。

バス専用 7-9

問43 □ □ 交通整理の行われていない交差点で交差する道路の幅が同じときは、右方から交差点に入る車が優先する。

156

問33 ✕

正面の信号が黄色の灯火のときは、車は他の交通に注意しながら進むことができる。できない

> **解説** 安全に停止できないとき以外は、車は停止位置から先へ進めません。

P.12 ⊚ No.7

問34 ◯

進路を変更すると、後車が急ブレーキや急ハンドルで避けなければならないようなときは、進路変更してはならない。進路変更禁止

> **解説** 後車が急な操作をしなければならない場合は、進路変更してはいけません。

P.50 ⊚ No.57

問35 ✕

図の標識は、道路の幅が6メートルあれば駐車してもよいという意味である。余地

> **解説** 図は、車の右側に6メートル以上の余地がなければ、駐車できないことを表します。

巻末
道路標識・標示一覧表

問36 ◯

踏切用の信号が青色のときは、安全を確かめれば踏切の手前で一時停止しなくてもよい。そのまま進める

> **解説** 踏切用の信号が青色のときは、信号に従って通過することができます。

P.71 ⊚ No.79

問37 ◯

風で飛散しやすい物を運搬するときは、車種を問わず、シートをかけるなどして飛び散らないようにしなければならない。正しい内容

> **解説** 荷物を積むときは、ロープやシートを使って転落や飛散しないようにします。

P.25 ⊚ No.24

問38 ◯

信号機の黄色の灯火の矢印は路面電車専用であるから、自動車や原動機付自転車は矢印の方向に進んではならない。車は進めない

> **解説** 黄色の灯火の矢印は路面電車専用で、自動車や原動機付自転車は進めません。

P.13 ⊚ No.7

問39 ◯

二輪車で四輪車の側方を通行しているときは、四輪車の死角に入り四輪の運転者に存在を気づかれていないことがあるので注意する。正しい内容

> **解説** 二輪の運転者は、四輪車の動向には十分注意が必要です。

ここで
覚える！

問40 ◯

制動距離、遠心力、衝撃力は、速度が2倍になれば、これらに働く力は2倍になるのではなく、すべて4倍になる。2×2

> **解説** 制動距離、遠心力、衝撃力は、速度の二乗に比例します。

P.27 ⊚ No.27
P.44 ⊚ No.50

問41 ✕

道路を安全に通行するためには、警音器をできるだけ多く使ったほうがよい。乱用は禁止

> **解説** 警音器は、指定場所と危険防止の場合以外は、むやみに使用してはいけません。

P.46 ⊚ No.54

問42 ◯

図の標示のある道路では、指定された車および小型特殊自動車、原動機付自転車、軽車両を除く車は、原則として7時〜9時に通行してはならない。正しい内容

> **解説** 小型特殊以外の自動車は、原則として図の路線バス等の「専用通行帯」を通行できません。

P.37 ⊚ No.37

問43 ✕

交通整理の行われていない交差点で交差する道路の幅が同じときは、右方から交差点に入る車が優先する。左

> **解説** 同じ道幅の交差点では、左方から来る車の進行を妨げてはいけません。

P.59 ⊚ No.68

問44 遮断機が上がった直後に踏切を通過するときは、一時停止しなくてもよい。

問45 車両通行帯のない道路では、自動車や原動機付自転車は、道路の中央から左側部分の左側に寄って通行する。

問46 二輪車のマフラーを取り外して運転しても走行には影響しないので、そのような改造をして二輪車を運転した。

問47 時速10キロメートルで進行しています。どのようなことに注意して運転しますか？

(1) 対向車が来ているので、工事している場所の手前で一時停止し、対向車が通過してから発進する。

(2) 工事している場所から急に人が飛び出してくるかもしれないので、注意しながら走行する。

(3) 急に止まると後ろの車に追突されるかもしれないので、ブレーキを数回に分けてかけて停止の合図をする。

問48 時速30キロメートルで進行しています。交差点を直進するときは、どのようなことに注意して運転しますか？

(1) 大型車が通過したあと、対向車が先に右折するかもしれないので、いつでも止まれるように、速度を落として進行する。

(2) 対向車は自車の接近に気づかず右折するかもしれないので、大型車との車間距離をつめる。

(3) 対向車は、自車に進路を譲ると思われるので、加速して進行する。

問44 ✗ 遮断機が上がった直後に踏切を通過するときは、一時停止しなくてもよい。
　　　一時停止が必要
　　　ここで覚える！
　　解説　遮断機が上がった直後でも、必ず一時停止しなければなりません。

問45 ○ 車両通行帯のない道路では、自動車や原動機付自転車は、道路の中央から左側部分の左に寄って通行する。正しい内容
　　　P.32 ◎No.30
　　解説　自動車や原動機付自転車は、道路の中央から左側部分の左に寄って通行します。

問46 ✗ 二輪車のマフラーを取り外して運転しても走行には影響しないので、そのような改造をして二輪車を運転した。禁止行為
　　　P.23 ◎No.21
　　解説　マフラーを取り外すと騒音が大きくなるので、改造車を運転してはいけません。

問47
(1) ○ 対向車が来ているので、工事している場所の手前で一時停止し、対向車が通過してから発進する。安全な行為
　　解説　一時停止して、対向車を先に通過させます。

(2) ○ 工事している場所から急に人が飛び出してくるかもしれないので、注意しながら走行する。安全な行為
　　解説　工事現場の人の行動に注意して進行します。

(3) ○ 急に止まると後ろの車に追突されるかもしれないので、ブレーキを数回に分けてかけて停止の合図をする。適切な行動
　　解説　数回に分けてブレーキをかけ、後続車からの追突に注意して停止します。

問48
(1) ○ 大型車が通過したあと、対向車が先に右折するかもしれないので、いつでも止まれるように、速度を落として進行する。安全な行為
　　解説　速度を落として進行し、対向車の右折に備えます。

(2) ✗ 対向車は自車の接近に気づかず右折するかもしれないので、大型車との車間距離をつめる。危険な行為
　　解説　対向車が急に右折してきて、衝突するおそれがあります。

(3) ✗ 対向車は、自車に進路を譲ると思われるので、加速して進行する。誤った判断　危険な行為
　　解説　対向車は自車に進路を譲るとは限らないので、速度を落として進行します。

本書に関する正誤等の最新情報は、下記のアドレスで確認することができます。
http://www.seibidoshuppan.co.jp/info/menkyo-ikinari

上記 URL に記載されていない箇所で正誤についてお気づきの場合は、書名・発行日・質問事項・ページ数・氏名・郵便番号・住所・FAX 番号を明記の上、**郵送または FAX** で**成美堂出版**までお問い合わせください。

※ **電話でのお問い合わせはお受けできません。**
※ 本書の正誤に関するご質問以外にはお答えできません。また受験指導などは行っておりません。
※ ご質問の到着確認後、10 日前後で回答を普通郵便または FAX で発送いたします。

●著者
長　信一 （ちょう　しんいち）

1962 年、東京都生まれ。1983 年、都内の自動車教習所に入社。
1986 年、運転免許証の全種類を完全取得。指導員として多数の合格者を送り出すかたわら、所長代理を歴任。現在、「自動車運転免許研究所」の所長として、書籍や雑誌の執筆を中心に活躍中。
『最短合格！原付免許テキスト＆問題集』『1 回で合格！ 原付免許完全攻略問題集』『完全合格！ 普通免許 2000 問実戦問題集』『スピード合格！ 準中型・中型・大型自動車免許の取り方』（いずれも弊社刊）など、著書は 180 冊を超える。

●本文イラスト　　HOPBOX
　　　　　　　　　風間　康志
　　　　　　　　　岡田　行生
●編集協力　　　　ノーム（間瀬　直道）
●DTP　　　　　　HOPBOX
●企画・編集　　　成美堂出版編集部（原田　洋介・芳賀　篤史）

赤シート対応 いきなり合格！ 原付免許テキスト＆速攻問題集

2020年12月10日発行

著　者　長　信一
　　　　（ちょう　しん　いち）

発行者　深見公子

発行所　成美堂出版
　　　　〒162-8445　東京都新宿区新小川町1-7
　　　　電話(03)5206-8151　FAX(03)5206-8159

印　刷　株式会社フクイン

©Cho Shinichi 2018　PRINTED IN JAPAN
ISBN978-4-415-32458-6
落丁・乱丁などの不良本はお取り替えします
定価はカバーに表示してあります

・本書および本書の付属物を無断で複写、複製（コピー）、引用することは著作権法上での例外を除き禁じられています。また代行業者等の第三者に依頼してスキャンやデジタル化することは、たとえ個人や家庭内の利用であっても一切認められておりません。

道路標識・標示 一覧表

通行止め	車両通行止め	車両進入禁止	二輪の自動車以外の自動車通行止め	大型貨物自動車等通行止め
車、路面電車、歩行者のすべてが通行できない	車（自動車、原動機付自転車、軽車両）は通行できない	車はこの標識がある方向から進入できない	二輪を除く自動車は通行できない	大型貨物、特定中型貨物、大型特殊自動車は通行できない
大型乗用自動車等通行止め	二輪の自動車・原動機付自転車通行止め	大型自動二輪車及び普通自動二輪車二人乗り通行禁止	自転車通行止め	車両（組合せ）通行止め
大型乗用、特定中型乗用自動車は通行できない	大型・普通自動二輪車、原動機付自転車は通行できない	大型・普通自動二輪車は二人乗りで通行できない	自転車は通行できない	標示板に示された車（自動車、原動機付自転車）は通行できない

規制標識

タイヤチェーンを取り付けていない車両通行止め	指定方向外進行禁止			

タイヤチェーンを着けていない車は通行できない	車は矢印の方向以外には進めない	右折禁止	直進・右折禁止	左折・右折禁止

車両横断禁止	転回禁止	追越しのための右側部分はみ出し通行禁止	追越し禁止	駐停車禁止
車は右折を伴う右側への横断をしてはいけない	車は転回してはいけない	車は道路の右側部分にはみ出して追い越しをしてはいけない	車は追い越しをしてはいけない	車は駐車や停車をしてはいけない（8時～20時）

道路標識・標示一覧表

駐車禁止	駐車余地	時間制限駐車区間	危険物積載車両通行止め	重量制限

車は**駐車**をしてはいけない（8時～20時）	車の右側の道路上に**指定の余地**（6m）がとれないときは駐車できない	標示板に示された時間（8時～20時の60分）は**駐車**できる	爆発物などの**危険物**を積載した車は通行できない	標示板に示された**総重量**（5.5 t）を超える車は通行できない
高さ制限	最大幅	最高速度	最低速度	自動車専用
地上から標示板に示された**高さ**（3.3m）を超える車は通行できない	標示板に示された**横幅**（2.2m）を超える車は通行できない	標示板に示された**速度**（時速50km）を超えてはいけない	自動車は標示板に示された**速度**（時速30km）**に達しない速度**で運転してはいけない	**高速道路**（高速自動車国道または**自動車専用道路**）であることを表す
自転車専用	自転車及び歩行者専用	歩行者専用	一方通行	自転車一方通行
自転車専用道路を示し、**普通自転車**以外の車と**歩行者**は通行できない	**自転車および歩行者専用道路**を示し、**普通自転車**以外の車は通行できない	**歩行者専用道路**を示し、**車**は通行できない	車は矢印の示す方向と**反対方向**には進めない	**自転車**は矢印の示す方向と**反対方向**には進めない
車両通行区分	特定の種類の車両の通行区分	牽引自動車の高速自動車国道通行区分	専用通行帯	普通自転車専用通行帯

標示板に示された車（**二輪・軽車両**）が通行しなければならない**区分**を表す	標示板に示された車（**大貨**）が通行しなければならない区分を表す	高速自動車国道の本線車道で**けん引自動車**が通行しなければならない区分を表す	標示板に示された車（**路線バス等**）の**専用通行帯**であることを表す	普通自転車の**専用通行帯**であることを表す

規制標識

規制標識

路線バス等優先通行帯	牽引自動車の自動車専用道路第一通行帯通行指定区間	進行方向別通行区分	環状の交差点における右回り通行	原動機付自転車の右折方法（二段階）
路線バス等の**優先通行帯**であることを表す	自動車専用道路でけん引自動車が**最も左側の通行帯**を通行しなければならない指定区間を表す	交差点で車が進行する**方向別の区分**を表す	**環状交差点**であり、車は**右回り**に通行しなければならない	交差点を右折する原動機付自転車は**二段階右折**しなければならない

原動機付自転車の右折方法（小回り）	平行駐車	直角駐車	斜め駐車	警笛鳴らせ
交差点を右折する原動機付自転車は**小回り右折**しなければならない	車は道路の側端に対して、**平行に駐車**しなければならない	車は道路の側端に対して、**直角に駐車**しなければならない	車は道路の側端に対して、**斜めに駐車**しなければならない	車と路面電車は**警音器**を鳴らさなければならない

警笛区間	徐行	一時停止	歩行者通行止め	歩行者横断禁止
車と路面電車は**区間内の指定場所**で警音器を鳴らさなければならない	車と路面電車は**すぐ止まれる速度**で進まなければならない	車と路面電車は停止位置で**一時停止**しなければならない	歩行者は**通行**してはいけない	歩行者は道路を**横断**してはいけない

指示標識

並進可	軌道敷内通行可	高齢運転者等標章自動車駐車可	駐車可	高齢運転者等標章自動車停車可
普通自転車は**2台並んで**進める	自動車は**軌道敷内**を通行できる	標章車に限り**駐車**が認められた場所（**高齢運転者等専用場所**）であることを表す	車は**駐車**できる	標章車に限り**停車**が認められた場所（**高齢運転者等専用場所**）であることを表す

道路標識・標示一覧表

指示標識

停車可	優先道路	中央線	停止線	自転車横断帯
車は**停車**できる	**優先道路**であることを表す	道路の**中央**、または**中央線**を表す	車が停止するときの**位置**を表す	自転車が**横断**する**自転車横断帯**を表す

横断歩道		横断歩道・自転車横断帯	安全地帯	規制予告
横断歩道を表す。右側は**児童**などの横断が多い横断歩道であることを意味する		**横断歩道**と**自転車横断帯**が併設された場所であることを表す	**安全地帯**であることを表し、車は**通行**できない	標示板に示されている**交通規制**が前方で行われていることを表す

補助標識

距離・区域	日・時間
	日曜・休日を除く 8 - 20
本標識の交通規制の対象となる**距離**や**区域**を表す	本標識の交通規制の対象となる**日**や**時間**を表す

車両の種類	始まり
本標識の交通規制の対象となる**車**を表す	本標識の交通規制の区間の**始まり**を表す

区間内・区域内	終わり
←→ 区域内	
本標識の交通規制の**区間内**、または**区域内**を表す	本標識の交通規制の区間の**終わり**を表す

マーク・標示板

初心運転者標識	高齢運転者標識
免許を受けて**1年未満**の人が自動車を運転するときに付けるマーク	**70歳**以上の人が自動車を運転するときに付けるマーク

身体障害者標識	聴覚障害者標識
身体に障害がある人が自動車を運転するときに付けるマーク	**聴覚に障害がある**人が自動車を運転するときに付けるマーク

仮免許練習標識	左折可(標示板)
仮免許 練習中	
運転の練習をする人が自動車を運転するときに付けるマーク	前方の信号にかかわらず、車はまわりの交通に注意して**左折**できる

案内標識

入口の方向	入口の予告	方面及び距離	方面及び車線	方面及び方向の予告

高速道路の**入口**の方向を表す	高速道路の**入口**の予告を表す	**方面**と**距離**を表す	**方面**と**車線**を表す	**方面**と**方向**の**予告**を表す

方面、方向及び道路の通称名	方面、車線及び出口の予告	方面及び出口	出口	高速道路番号
方面と**方向**、道路の**通称名**を表す	**方面**と**車線**、**出口**の**予告**を表す	高速道路の**方面**と**出口**を表す	高速道路の**出口**を表す	**高速道路番号**を表す

サービス・エリア又は駐車場から本線への入口	待避所	非常駐車帯	駐車場	登坂車線

サービス・エリアや**駐車場**から**本線**への**入口**を表す	**待避所**であることを表す	**非常駐車帯**であることを表す	**駐車場**であることを表す	**登坂車線**であることを表す

警戒標識

十形道路交差点あり	T形道路交差点あり	Y形道路交差点あり	ロータリーあり	右方屈曲あり

この先に**十形道路の交差点**があることを表す	この先に**T形道路の交差点**があることを表す	この先に**Y形道路の交差点**があることを表す	この先に**ロータリー**があることを表す	この先の道路が**右方に屈曲**していることを表す

右方屈折あり	右背向屈曲あり	右背向屈折あり	右つづら折あり	踏切あり
この先の道路が**右方に屈折**していることを表す	この先の道路が**右背向屈曲**していることを表す	この先の道路が**右背向屈折**していることを表す	この先の道路が**右つづら折**していることを表す	この先に**踏切がある**ことを表す

道路標識・標示一覧表

規制標示

転回禁止	追越しのための右側部分はみ出し通行禁止		進路変更禁止	
		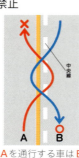		
車は転回してはいけない（8時から20時）	A・Bどちらの車も黄色の線を越えて追越しをしてはいけない	Aを通行する車はBにはみ出して追い越しをしてはいけない（BからAへは禁止されていない）	A・Bどちらの車も黄色の線を越えて進路変更してはいけない	Bを通行する車はAに進路変更してはいけない（AからBへは禁止されていない）

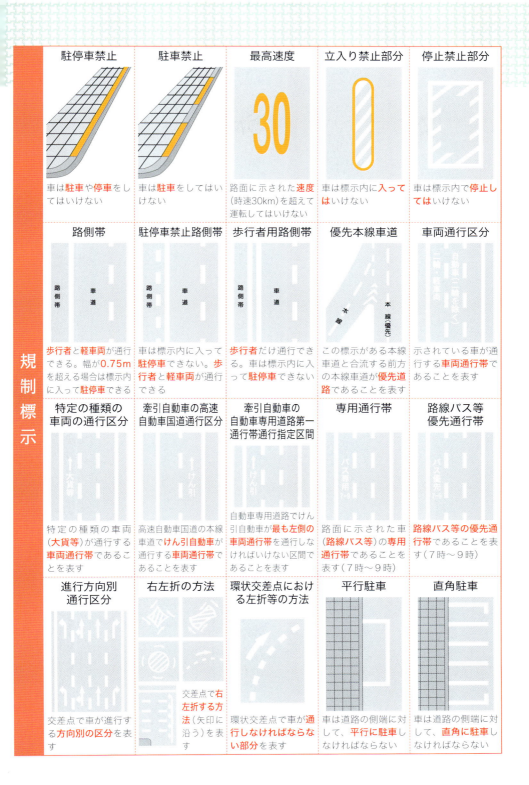

道路標識・標示一覧表

規制標示

斜め駐車	普通自転車歩道通行可	普通自転車の歩道通行部分	普通自転車の交差点進入禁止	終わり
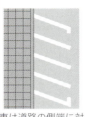				
車は道路の側端に対して、**斜めに駐車**しなければならない	普通自転車は**歩道**を通行できる	普通自転車が歩道を通行する場合の通行すべき**場所**を表す	普通自転車は**黄色の線を越えて**交差点に進入してはいけない	規制標示が示す（転回禁止）区間の**終わり**を表す

指示標示

横断歩道	斜め横断可	自転車横断帯	右側通行	停止線

歩行者が道路を**横断**するための場所であることを表す	歩行者が交差点を**斜めに横断**できることを表す	**自転車**が道路を**横断**するための場所であることを表す	車は道路の右側部分に**はみ出して通行**できることを表す	車が停止するときの**位置**を表す

二段停止線	進行方向	中央線	車線境界線	安全地帯

二輪車と四輪車が停止するときの**位置**を表す	車が進行する**方向**を表す	**中央線**であることを表す	**車線の境界**であることを表す	**安全地帯**であることを表し、車は**通行**できない

安全地帯又は路上障害物に接近	導流帯	路面電車停留場	横断歩道又は自転車横断帯あり	前方優先道路
	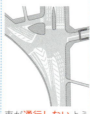		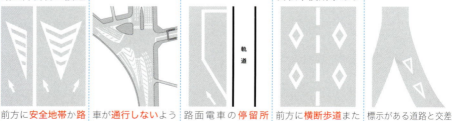	
前方に**安全地帯**か**路上障害物**があり、避ける方向を表す	車が**通行しない**ようにしている道路の部分を表す	路面電車の**停留所（場）**であることを表す	前方に**横断歩道**または**自転車横断帯**があることを表す	標示がある道路と交差する**前方の道路が優先道路**であることを表す

※道路標識・標示は道路交通法等の改正により、変更されることがありますので予めご了承ください。